Detoxification of Chemical Warfare Agents

From WWI to Multifunctional Nanocomposite Approaches

化学毒剂消毒

——从第一次世界大战到多功能纳米复合材料

（美）迪米特里奥斯·A.吉安纳库达斯基
（Dimitrios A. Giannakoudakis）
特丽斯·J.班多斯兹
（Teresa J. Bandosz） 著

朱安娜 李铁虎 陈文明 译
杨少霞 黄 强 校

化学工业出版社
·北京·

图书在版编目（CIP）数据

化学毒剂消毒/（美）迪米特里奥斯·A. 吉安纳库达斯基，（美）特丽斯·J. 班多斯兹著；朱安娜，李铁虎，陈文明译. —北京：化学工业出版社，2020. 1

书名原文：Detoxification of Chemical Warfare Agents

ISBN 978-7-122-35556-0

Ⅰ.①化… Ⅱ.①迪…②特…③朱…④李…⑤陈… Ⅲ.①军用毒剂-消毒-研究 Ⅳ.①TJ92

中国版本图书馆 CIP 数据核字（2019）第 250931 号

北京市版权局著作权合同登记号：01-2019-6710

责任编辑：高　震　杜进祥　　　文字编辑：昝景岩
责任校对：李雨晴　　　装帧设计：韩　飞

出版发行：化学工业出版社（北京市东城区青年湖南街 13 号　邮政编码 100011）
印　　装：北京虎彩文化传播有限公司
710mm×1000mm　1/16　印张 11　彩插 1　字数 232 千字
2020 年 3 月北京第 1 版第 1 次印刷

购书咨询：010-64518888　　　售后服务：010-64518899
网　　址：http://www.cip.com.cn
凡购买本书，如有缺损质量问题，本社销售中心负责调换。

定　　价：68.00 元

“一战”期间，一名德国将军在给妻子的信中写道：“我担心世界将会发生一场巨大的丑闻……文明程度越高，人类就会变得越邪恶。”

本书献给“一战”中所有的伤亡人员

译者序

自第一次世界大战将化学毒剂作为大规模杀伤性武器使用以来，已历经 100 余年。在这过去的一个多世纪里，化学毒剂始终是威慑及杀伤敌对国的有力手段，化学战及化学毒剂这两个术语也常常让各国政府及民众谈之色变。虽然 1993 年，设在海牙的禁止化学武器组织（OPCW）组织签署了《化学武器公约》（其全称是《关于禁止发展、生产、储存和使用化学武器及销毁此种武器的公约》），提出全面禁止化学武器的生产、储存和使用，并约定了成员国彻底销毁本国储存化学武器的时限，但时过 20 余年，依然有国家未能完全销毁所存有的化学武器。此外，近些年来，国际上发生的多起使用化学毒剂杀人事件，引起了国际舆论的高度关注。

有矛就有盾，为了防范化学毒剂的危害，世界各国也在持续研究化学毒剂消毒材料及技术，其中，纳米金属氧化物是近些年的研究热点。纳米金属氧化物具有独特的物理和化学性质，比表面积大，表面活性中心多，是一种良好的催化材料，将其用于化学毒剂消毒可以获得较好的效果，也可以用于其他有毒化合物的消毒。它的发展可能给物理、化学、材料、生物、医药等学科的研究带来新的机遇。

本书由朱安娜研究员、李铁虎副研究员及陈文明助理研究员共同翻译，杨少霞教授及黄强高工对全书进行了审校。在翻译过程中得到了钟辉研究员、赵晨光研究员、花卉助理研究员和盖希杰助理研究员的大力支持，在此深表感谢！

由于本书涉及内容广泛，译者经验和水平有限，疏漏之处在所难免，敬请读者批评指正。

译者
2019 年 5 月 29 日

致 谢

作者感谢美国陆军研究实验室对于本研究的支持（基金号：W911-13-0225，“洞悉多功能反应吸附剂：将化学性质、孔隙率、光活性和导电性引入消毒过程”）。该实验室所有从事化学毒剂研究项目的人员都做出了贡献，尤以 Javier A. Arcibar-Orozco、Marc Florent、Rajiv Wallace、Joshua K. Mitchell 和 Karifala Kante 最为突出。没有他们的奉献，本研究过程就不会如此完美而富有成果。最后，我们要特别感谢爱基伍德化生防护中心 Christopher Karwacki 博士的参与，与他富有成效的交流有助于我们更好地认识化学毒剂的洗消问题。

借此机会，Dimitrios A. Giannakoudakis 要感谢纽约城市大学研究生院在其获得化学博士学位和攻读第三硕士学位期间提供的帮助。同时，还想感谢 Onassis 基金会和 AG Leventis 基金会通过留学奖学金给予的经济支持。

而最重要的，Dimitrios A. Giannakoudakis 想对他的导师、本书的合作著者 Teresa J. Bandosz 教授表达最诚挚的谢意，在 Dimitrios A. Giannakoudakis 读博期间以及 6 个月的研究助理任职期间，Teresa J. Bandosz 教授提供的独特而有价值的合作机会，在此表示衷心感谢。无论是“汲取”知识的数量和质量、不厌其烦的指导，还是在研究过程中提供的直接或间接支持，都令其终生难忘。这种合作过程自始至终都融入了钦佩和尊重的情感。

目　录

第 1 章

化学毒剂

1.1 化学毒剂简史

化学品拓展用作武器可以追溯到古典时期，点燃篝火、刺激性烟雾以及树脂、石油、硫黄等混合物（希腊火）为大规模消灭敌人带来了重大进步。在古代就有使用有毒化学品打败敌人的历史。例如，荷马在其编写的史诗（《伊利亚特》和《奥德赛》）中就曾提到在特洛伊战争（大约公元前 1200 年）中使用了毒箭[1]。公元前 600 年，雅典军队在抗击斯马达人的基拉之围中利用从藜芦中提取的有毒物污染水源[1]。约 120 年后，伯罗奔尼撒人的军队使用了硫黄气体，引发普拉蒂亚城的紧急疏散[2]。19 世纪中叶（1845 年），法国军队在征服阿尔及利亚中也曾把 1000 余人逼进一个山洞，并用浓烟消灭了他们。

第一次世界大战催生了化学毒剂持续的大规模使用，可以看作是现代史上最为悲伤的现实。50 余种化学毒剂投入使用，3000 余种化合物被研究用于潜在武器[3]。即便普遍认为德国军队是首次使用毒气的军队，但实际上这种竞赛是在 1914 年法国军队使用催泪气体开启的[4]。自此以后，化学开始积极地参与战争。许多物质随后在战场上作为化学毒剂进行了试验。第一次世界大战期间，与化学毒剂相关的大多数伤亡都与3种有毒化合物有关：氯气、光气和芥子气。“一战”伊始，德军就建立了研究机构，研制作为大规模杀伤性武器使用的化学毒剂。许多知名的科学家都参与了化学毒剂的合成，包括诺贝尔奖得主马克斯·普朗克（物理学奖，1918年）、弗里茨·哈伯（化学奖，1918年）、瓦尔特·能斯特（化学奖，1920年）、詹姆斯·弗兰克（物理学奖，1925年）、古斯塔夫·赫兹（物理学奖，1925年）、奥托·哈恩（化学奖，1944年）等。协约国军队也不甘落后，开始对化学毒剂及其防护手段（主要是防毒面具）展开了大量的研究。正如丹尼尔·查尔斯在其著述中所指出的那样，“一个使用化学的新时代已经到来”[5]。

1.2 反化学毒剂国际协议

第一份禁止使用毒弹的国际协议是由法德两国在斯特拉斯堡签订的（1675年）[6]。1874年，《布鲁塞尔公约》“战争法则与惯例”章节中禁止使用毒物或施毒武器，以及使用武器、炮弹或材料引发不必要的痛苦。另一份签署于海牙国际和平大会期间（1899年）的协议，禁止使用装填有毒气体的炮弹。这些协议被证明毫无价值，因为在整个“一战”期间，毒气被大量使用，造成100多万人受伤、10万余人死亡。国际社会在禁止使用化学武器方面的努力最终促成了一项新的全球性协议——1925年签署的《日内瓦议定书》。

尽管禁止使用窒息性气体、有毒气体、其他气体和细菌战等手段，但该协议并未禁止发展、生产或拥有化学毒剂。有人认为，在第二次世界大战期间，之所以没有使用化学毒剂，《日内瓦议定书》功不可没。但事实是，几乎所有的参战国都储备了大量的有毒化合物，并准备使用。希特勒作为第一次世界大战期间首次使用芥子气的受害者，反对在战场上使用化学毒剂。然而，必须要提到的是，德国党卫军曾在集中营使用剧毒农药——齐克隆 B（吸附氰化氢的硅藻土）屠杀过数百万人。

1993 年，最新的协议——《化学武器公约》签署。该国际公约全面禁止化学武器的生产、储存和使用，其全称是《关于禁止发展、生产、储存和使用化学武器及销毁此种武器的公约》。设在海牙的禁止化学武器组织（OPCW）负责实施该公约。禁止化学武器组织的目标宣言是："OPCW 的使命是，贯彻《化学武器公约》条款，以实现禁止化学武器组织关于'构建无化学武器及其使用威胁、与用于和平目的的化学开展合作的世界'的构想。为实现这一构想，我们的基本目标就是为国际安全与稳定、全面彻底裁军及全球经济发展做出贡献。"[7]

今天，192 个 OPCW 成员国代表了全球约 98%的人口、土地和化学工业[7]（译者注：截至 2019 年 1 月，OPCW 成员国的数量已达到 193 个）。根据 OPCW，到 2016 年 6 月，已确认销毁了 72525 吨所储存化学毒剂中的 92%[7]。为表彰在化学毒剂削减方面的努力，2013 年 OPCW 被授予诺贝尔和平奖。

1.3 化学毒剂分类

在所有的大规模杀伤性武器当中，化学毒剂可能被认为是最残酷的武器。根据 OPCW，"化学武器这一术语也可以指通过化学作用引起死亡、伤害、暂时性失能或感官刺激的有毒化学品或其前体。而弹药或其他设计用于投送化学武器的投送装置，无论是装填的还是未装填的，也被认为其本身就是武器"[7]。

化学毒剂可以以各种方式分类。按照化学结构，可分为有机硫类、有机氟类、有机磷类和含砷化合物。也可根据挥发性分类，光气、氰化氢和氯气是挥发性毒剂，而硫芥气和大多数神经性毒剂难挥发。最常用的分类是根据对人的影响[8]。根据这一标准，化学毒剂（以及“一战”中使用的化学毒剂）的分类如下：

- 催泪性毒剂：催泪瓦斯，如苄基溴
- 起疱剂/糜烂性毒剂：芥子气、路易氏剂
- 血液/窒息性毒剂：氰化氢、氯化氰、许多胂类化合物
- 窒息/呼吸道毒剂：氯气、三氯硝基甲烷、光气
- 神经性毒剂
- 致幻毒剂
- 毒素

参考文献

[1] D.B. Walters, P. Ho, J. Hardesty, Safety, security and dual-use chemicals. J. Chem. Health Saf. **22**, 3–16 (2015). https://doi.org/10.1016/j.jchas.2014.12.001
[2] J.A. Romano Jr, B.J. Lukey, H. Salem, Chemical Warfare Agents: Chemistry, Pharmacology, Toxicology, and Therapeutics, 2nd edn. (CRC Press, 2008)
[3] J.J. Writz, E.A. Croddy, *Weapons of Mass Destruction: An Encyclopedia of Worldwide Policy, Technology, and History*, 1st edn. (2004)
[4] E.A. Croddy, J.J. Wirtz, *Weapons of Mass Destruction, Volume I: Chemical and Biological Weapons*, 1st edn. (2004)
[5] D. Charles, *Master Mind: The Rise and Fall of Fritz Haber, the Nobel Laureate who Launched the Age of Chemical Warfare*, 1st edn. (2005)
[6] M. Bothe, N. Ronzitti, A. Rosas, *The new Chemical Weapons Convention: Implementation and Prospects*, 1st edn. (Brill Nijhoff, 1998)
[7] Organisation for the Prohibition of Chemical Weapons. https://www.opcw.org. Accessed 01 Sept 2017
[8] K. Ganesan, S.K. Raza, R. Vijayaraghavan, Chemical warfare agents. J. Pharm. Bioallied Sci. **2**, 166–178 (2010). https://doi.org/10.4103/0975-7406.68498

第 2 章

“第一次世界大战”：化学军事化

2.1 化学毒剂大规模使用纪事：通向芥子气之路

毒气使用的序幕开启于“一战”的头几个月，当时法国军队向德国士兵发射了（装填溴乙酸乙酯的）催泪弹（1914 年 8 月）[1]。这些催泪弹产于战前，1912 年首次被法国警察用来镇压巴黎发生的暴乱。在沃尔特·能斯特（1920 年诺贝尔化学奖获得者）的建议下，德军在炮弹中装填了氯磺酸二苯胺粉末，这种材料广泛用作合成染料工业中的中间体，因而易于获得[2,3]。1914 年 10 月 27 日，在法国新沙佩勒占领区，德国人向英国军队发射了约 300 枚被称之为镍散弹或 N-J 弹的装填炮弹，除了导致剧烈的喷嚏外并未造成任何其他影响。1914 年 12 月，也曾对苄基溴开展试验[4]。这类失败事件足以永久地改变战争的进程。一名参战却没有任何军衔的化学家受到鼓舞，投身于这项将化学应用于战场的新研究。他叫弗里茨·哈伯。他在说服德国军方开始发展用于大规模杀伤武器用途的毒气及实战化使用过程中扮演了重要的角色。

3 个月后，德军在东线波利摩沃战役中发射了 1.8 万余枚装填有液化催泪气体（溴化甲苄基）的T-弹（1915年1月31日）。溴化甲苄基或甲基溴化苄（C_8H_9Br）的所有3种异构体均有剧毒和刺激性。由于波利摩沃气温极低，液体并未汽化，导致攻击彻底失败。类似的不成功攻击还有1915年3月在比利时的尼乌波尔特对法国军队实施的毒气攻击。由于甲苄基溴生产简单，德国人在战争期间广泛使用它作为炮弹中白色交叉混合物（Weisskreuz）的组成部分。其他化学物质也被用于炮弹和手榴弹中的催泪气体，这其中就有氯甲酸氯甲酯和溴丙酮。为了大规模生产这类炮弹，建成了专业化的工厂。主要缺点是，生产、运送这类炮弹到战场难度较大且耗时，在许多情况下会出现炮弹短缺，因此必须使用新的方式将化学品部署到战场使用。

哈伯建议利用增压储罐装填化学毒剂而不是只在炮弹中使用，这一建议在1915年1月获得了德国军方的认可。在他的努力下，到该年4月11日德军囤积了约5700个装填了340余吨氯气的钢瓶[5]。德军一直在等待适宜的风速和风向，以便发动氯气攻击。1915年4月22日，氯气作为武器首次使用在伊普尔的第二次战役中。黄绿色的氯气云带来的后果就是1100余名士兵死亡、7000余名士兵受伤。协约国军队仓皇溃逃，德国步兵势如破竹，并一举夺取法国战壕。这一行动提振了德军的士气，哈伯也因此从预备役中士晋升为上尉。

哈伯认为，这种毒气云非常有效，不仅可以使人窒息，而且也会造成敌人前线的整体消耗。他坚信化学能够作为一种有效的武器积极参与战争并改变战争的历程。英军是第一支曾试图作出回应的协约国军队，他们于1915年9月24日发动了一次化学毒气攻击，在法国罗斯前线首次混合使用了400个储气罐和氯气，但不幸的是并未达到预期的效果，原因是风向改变使气体吹向了相反的方向，导致英国的伤亡比德国还大[1]。纯氯气的使用逐渐遭到淘汰，但它与光气和氯化苦的混合物被广泛使用[6]。后者也称为三氯硝基甲烷（CCl_3NO_2），俄军于1916年7月将其作为化学武器使用。英国人使用了氯化苦和氯气的混合物（30∶70），也称黄星气体[4]。氯化苦是一种眼睛刺激剂，能够穿透早期的防毒面具，迫使士兵脱掉面具。炭过滤器的研制消除了氯化苦的毒害影响。

1915年5月末，德军使用了一种更致命的组合，氯气与5%窒息性毒剂——光气的混合物，打击东线俄军和西线法军。1915年6月12日、7月6日在波利摩以及10月在打击法军的战斗中，也曾使用这种混合物。由于法国士兵对光气未做任何防范，造成了重大伤亡。光气或称之为碳酰氯（$COCl_2$），于1812年由约翰·戴维合成，被认为是现有化学毒剂中最具危险性的毒剂之一。约翰·戴维以希腊语“phos”（意思是“光”）和“genesis”（意思是“起源”）的组合命名为光气，因为其由氯气和一氧化碳混合物的合成中，必须有阳光的照射[7]。1915年圣诞节前6天，德军在战场上成功地使用了氯气与大量光气（25%）的毒气混合物，导致1000余名英国士兵受伤、120人死亡。尽管在这场战役中使用的毒气的数量远超于10月攻击法军使用的毒气数量，但伤亡较低，原因是英军配备了防毒面具。

光气是第一次世界大战中使用过的最具致命性的化学毒剂。其毒性是氯气的10倍多，在8℃以上挥发，蒸气密度几乎是空气密度的4倍多。从估算的10万名记录在案的毒气死亡者来看，85%死于光气。在大部分情况下，为了加快密集光气的扩散，也与氯气搭配使用。与氯气相比，其主要优势是，由于气体无色且具有青草味，因此很难被受害者发现。咽喉灼热感、流泪、恶心等最初症状会在15分钟后逐渐显现出来。由于肺中气血屏障的破坏影响，存活率极低[8]。24小时后，肺中形成的浅色液体或低血压会导致死亡。此外，皮肤接触可导致糜烂。

碳酰氯是工业生产染料、颜料、塑料和杀虫剂的主要化学品，直至今天仍被使用。德国最大的工业公司，如巴斯夫、拜耳，在一战前一直生产光气，尽管光气首次在战场上的小规模使用是数月前由法国军队所为，但在1915年被用作化学毒剂则是拜弗里茨·哈伯所赐[9]。法国诺奖得主维克多·格林尼亚合成了此化学毒剂[10]。

就在首次使用后几个月，交战双方为了防范光气，都研制了不同的面具。为了应对防毒面具，德军又研制了另一种化学毒剂——以双光气（DP，$ClCO_2CCl_3$）闻名的氯甲酸三氯甲基酯，它与光气有关联性，毒性类似，能够穿透或破坏第一代面具中使用的滤毒装置。文献记载的双光气首次使用是1916年5月在西线的大炮炮弹中[5]。

法军利用最简单的不饱和醛或丙烯醛作为毒气炮弹或毒气手榴弹的填充剂来回击光气。丙烯醛的代号是Papite，首次使用于1916年1月。它在室温下是一种无色液体，具有特有的浓烈刺鼻味道。典型味道是烧焦的肥肉/石油味，是因在丙三醇分解过程中生成丙烯醛所致。尽管这种不饱和醛在高浓度时能同时充当催泪气体和皮肤、鼻道和肺部的刺激剂，但由于其化学的不稳定性，在战场上难以奏效。

接下来被使用过的化学毒剂——芥子气（HD）于1917年7月12日在伊普尔附近的毒气云攻击中登上舞台。它是第一次世界大战中最有效的化学毒剂，大量而广泛地使用，能够在进攻前攻击、瓦解防御阵地。在首次使用中，使用了近6000个钢瓶，造成2200余人伤亡。最初，德国人仅计划把这种毒气用作麻痹性毒剂和糜烂性毒剂。然而，不久后他们发现，如果剂量充足，可能会令敌方士兵丧命。遭致命性暴露的受害者面临着极大的痛苦，他们在去世前有时要遭受长达5周的折磨。几个月来，急救站住满了遭芥子气伤害的士兵和平民。100余万吨芥子气装入炮弹，并在伊普尔战役接下来的1个月时间里发射。此外，通过各种手段使用芥子气，甚至通过战机实施喷洒。这种有效的化学毒剂提升了德军的士气。装填芥子气的炮弹被标上黄色标记，装填氯气和光气的炮弹被标上绿色标记。黄色标记是缘于不纯气体云团呈黄褐色。尽管不如其他使用过的化学毒剂那样致命，但极度疼痛的水疱、受害者内外出血、难以制造有效的防护介质、土壤长期污染等灾难性影响，震惊世界，引起了全世界的关注。芥子气成为战斗毒气之王，并成为最流行使用的化学毒剂。图 2.1 是德军最广泛使用的化学毒剂。

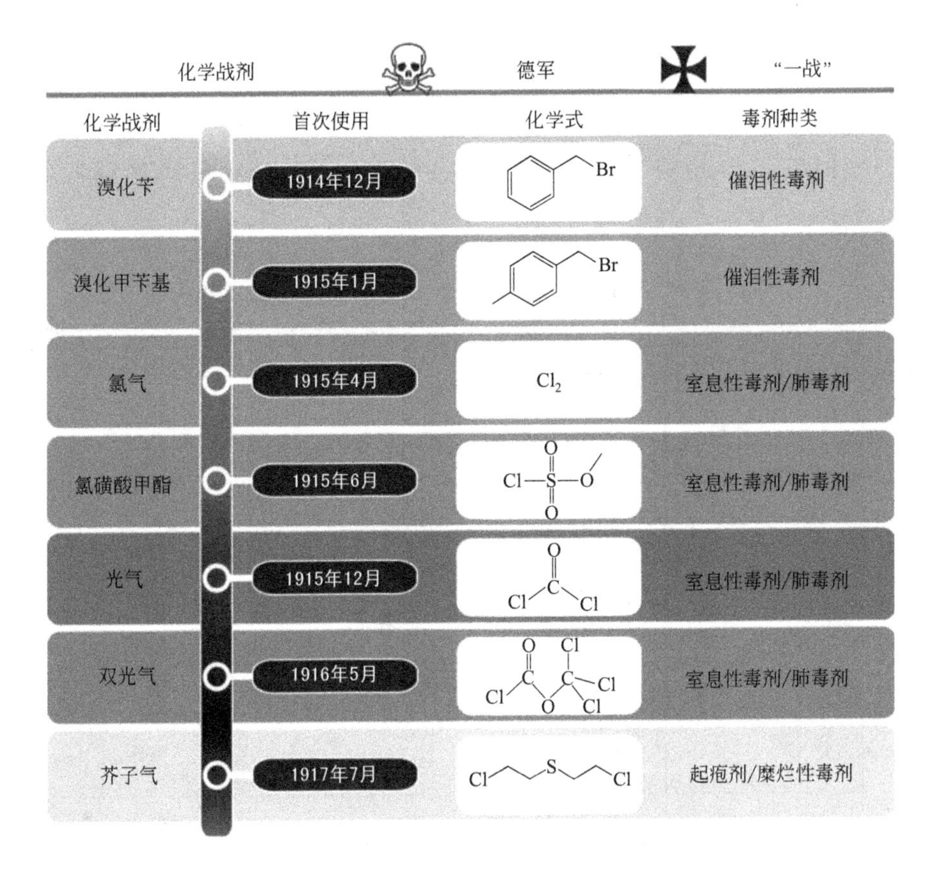

图 2.1 “一战”期间德国军队使用的主要化学毒剂（按时间顺序）

另一种致命性战剂是由华盛顿特区化学战勤务局（CWS）实验室的温福德·李·路易斯上尉为美国陆军研制的。它由乙炔与四氯化砷反应形成。其合成在 1914 年首次报道于牧师化学家之父尤利乌斯·阿瑟·纽兰德的博士论文中。这种有机砷化合物——2-氯乙烯基二氯胂（$ClCH=CHAsCl_2$）指的就是路易氏剂。它是一种糜烂性毒剂和肺部刺激性毒剂，其作用与芥子气相似，能够穿透普通士兵的衣服，甚至可以穿透橡胶和乳胶面料。纯的路易氏剂无色无味。这种新的有毒化合物被认为在第一次世界大战期间是有效的，因为同盟国对其还一无所知。美国就在“一战”结束的前几天，在威洛比建造了一座特种工厂，大量生产路易氏剂。幸运的是，由于在抵达欧洲之前战争就结束了，这种化合物从未被使用过。

表 2.1 按照编年的次序，把“一战”期间最广泛使用的化学毒剂，连同其军事代号、对人体的影响等列出来。详细信息参见各参考文献[6,11-16]。

表 2.1 “一战”期间使用最多的化学毒剂、其军事代号以及对人体的影响

年份	毒剂	首次使用		使用者	军事代号			影响
		月份	使用者		英国/美国	法国	德国	
1914	溴乙酸乙酯	8	协约国	双方	EBA		（白十字）	催泪剂
	Dianiside salts①	10	德国	德国				刺激剂
	氯丙酮	11	协约国	双方		Tonite	A-Stoff（白十字）	催泪剂、刺激剂
	溴化苄	12	德国	双方		Cyclite	A-Stoff	催泪剂
1915	溴化甲苄基	1	德国	双方			A-Stoff（白十字）	催泪剂
	苄基碘	3	协约国	协约国		Fraisinite		催泪剂、刺激剂
	氯气	4	德国	双方		Bertholite	Chlor	肺部刺激剂、腐蚀剂
	氯磺酸乙酯	4	协约国	协约国		Sulvinite		催泪剂、刺激剂
	溴	5	德国	德国			Brom	刺激剂

续表

年份	毒剂	首次使用		使用者	军事代号			影响
		月份	使用者		英国/美国	法国	德国	
1915	光气(碳酰二氯)	5	德国	双方	CG	Collongite	(绿十字)	刺激剂、毒性、腐蚀剂
	氯磺酸甲酯	6	德国	双方		Villantite	C-Stoff	催泪剂、刺激剂
	溴丙酮	6	德国	双方	BA	Martonite	B-Stoff(白十字)	催泪剂、刺激剂
	硫酸二甲酯	8	德国	德国			D-Stoff	刺激剂
	全氯甲硫醇	9	协约国	协约国		Clairsite		刺激剂
	碘乙酸乙酯	12	协约国	协约国	SK			催泪剂、毒性
1916	丙烯醛	1	协约国	协约国		Papite		催泪剂、毒性
	双光气(氯甲酸三氯甲基酯)	5	德国	双方	DP	Surpalite	Perstoff（绿十字）	刺激剂、糜烂剂
	氰化氢	7	协约国	协约国	AC	Forestite		毒性、窒息剂
	三氯硝基甲烷	7	协约国	双方	PS	Aquinite	Klop（绿十字）	刺激剂、毒性、催泪剂
	溴化氰	7	协约国	双方		Campilite	E-Stoff	刺激剂、毒性、窒息剂
	氯化氰	7	协约国	双方	CK	Mauguinite		刺激剂、毒性、窒息剂
1917	二苯氯胂	7	德国	双方	DA		ClarkI（蓝十字）	呕吐剂
	芥子气[bis(2-chloroethyl)sulfide]	7	德国	双方	HD/HS	Yperite	Lost（黄十字）	糜烂、肺部刺激
	苯基二氯胂	9	德国	德国				呕吐剂

① 英文原版可能有误，可能是 dianisidine salts（邻联茴香胺盐）。一种常用的生物制剂，可用作辣根氧化物酶底物，也是制作有毒化合物的中间体。

2.2 “一战”的伤亡

第一次世界大战和第二次世界大战是现代历史上死难最多的冲突。化学毒剂引发的伤亡和死亡估算数据存在出入，无法准确地计算出受害者的人数。主要原因是缺乏准确的记录，因为并非所有的伤员都记录在案，或者他们最初被记录到其他一般类别中，如“罪犯与失踪人员”这个类别。而且，并非所有的国家都公布了官方记录。然而，从各种来源获得的现有估计数字大致相似。根据罗伯特·舒曼欧洲中心（CERS）的官方报告以及1924年美国陆军部的统计，双方征募士兵/动员兵力的总数超过6400万人，伤亡人数（死亡、受伤、俘虏及失踪）达到了3700余万人（占动员兵力的58%）。每个国家的伤亡详情可参见图2.2。俄国伤亡最大，其次是同盟国的两个主要国家——德国和奥匈帝国。

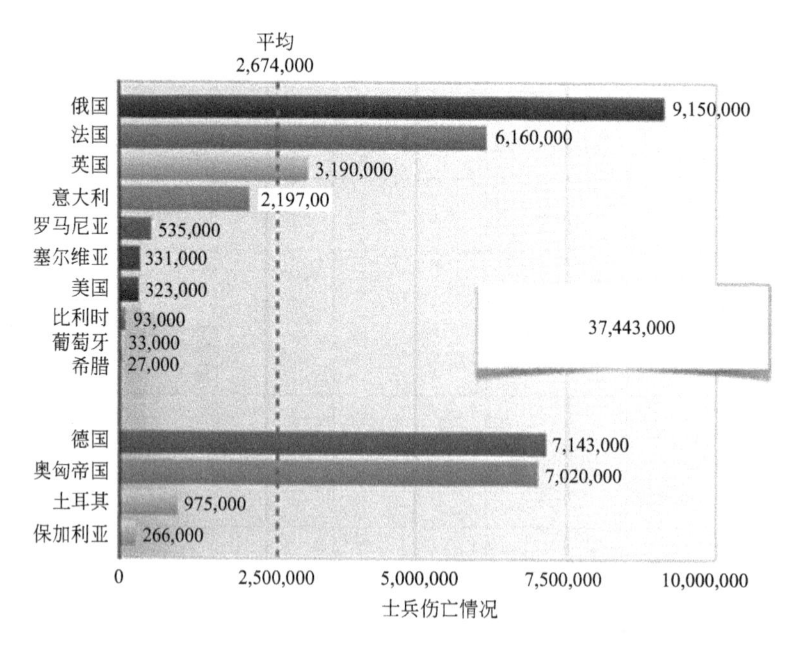

图2.2 根据1924年2月美国陆军部公布的各国动员人员的伤亡情况

“一战”期间的伤亡总数几乎达到了4500万人，包括约700万平民。协约国损失2570万人，同盟国损失1850万人。各个国家的伤亡百分比见图2.3。

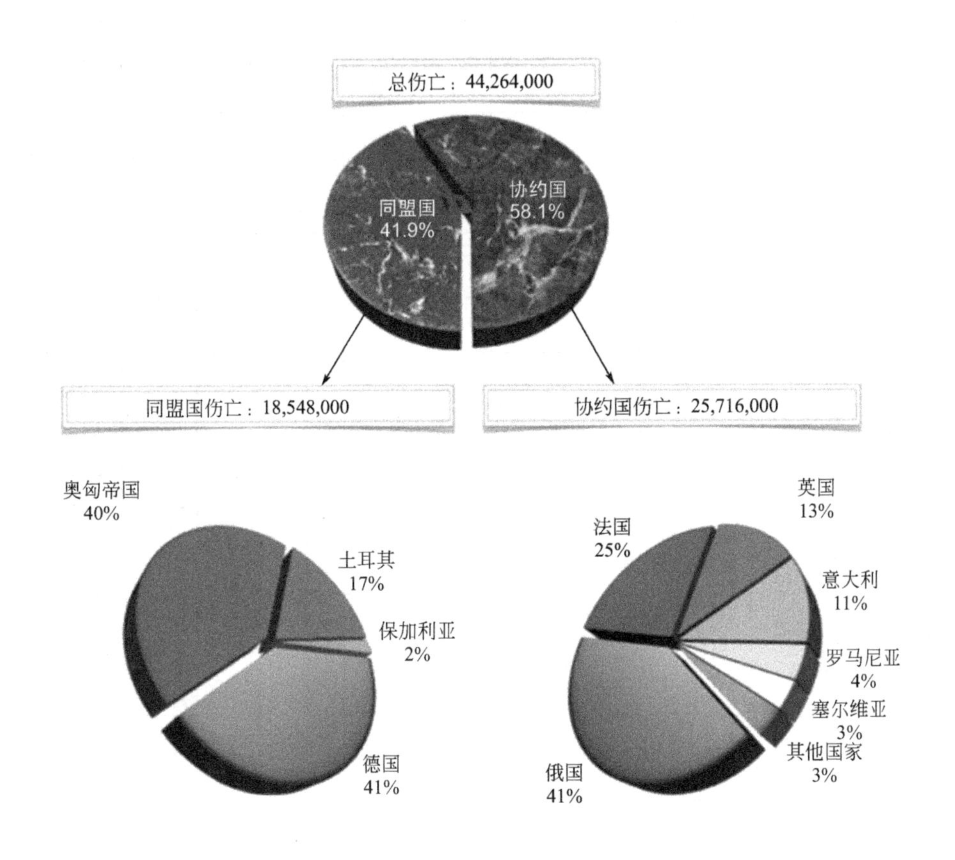

图2.3 “一战”主要参战国的全部伤亡比例

有关伤亡的详细分析如表2.2所示。表中也包括了伤亡人数与国家总人口的百分比。不幸的是，塞尔维亚占17.4％，法国占16.3％，土耳其占14.7％，奥匈帝国占14.6％，德国占11.7％。尽管俄国遭受了最大伤亡，但伤亡人数与总人口之比也仅为6.1％。人数与总人口百分比最低的是美国（0.4％），因为他在停战协议签署的前几个月（1918年11月）才参战。

表 2.2　第一次世界大战的伤亡人数（根据美国陆军部的报告和《不列颠百科全书》）

国家	伤亡总数	军人伤亡总数	死亡人数	受伤人数	战俘与失踪人数	平民死亡人数	动员兵力	军人伤员与动员兵力百分比/%	人口总数	伤亡总数与人口总数的百分比/%
协约国										
俄国	1065 万	915 万	170 万	495 万	250 万	150 万	1200 万	76.3	1.751 亿	6.1
法国	646 万	616 万	135.7 万	426.6 万	53.7 万	30 万	841 万	73.2	3960 万	16.3
英国	330.1 万	319 万	90.8 万	209 万	19.1 万	11.1 万	890.4 万	35.8	4540 万	7.3
意大利	278.6 万	219.7 万	65 万	94.7 万	60 万	58.9 万	561.5 万	39.1	3560 万	7.8
罗马尼亚	96.5 万	53.5 万	33.5 万	12 万	8 万	43 万	75 万	71.3	750 万	12.9
塞尔维亚	78.1 万	33.1 万	4.5 万	13.3 万	15.3 万	45 万	70.7 万	46.8	450 万	17.4
美国	32.6 万	32.3 万	11.6 万	20.4 万	0.5 万	0.1 万	435.5 万	7.4	9200 万	0.4
希腊	17.7 万	2.7 万	0.5 万	2.1 万	0.1 万	15 万	23 万	11.7	480 万	3.7
比利时	15.5 万	9.3 万	1.4 万	4.5 万	3.5 万	6.2 万	26.7 万	34.8	740 万	2.1
葡萄牙	11.5 万	3.3 万	0.7 万	1.4 万	1.2 万	8.2 万	10 万	33.0	600 万	1.9
协约国共计	2571.6 万	2203.9 万	513 万	1279 万	411.4 万	359.3 万	4133.8 万	53.3	4.179 亿	6.2
同盟国										
德国	756.9 万	714.3 万	177.4 万	421.6 万	115.3 万	42.6 万	1100 万	64.9	6490 万	11.7
奥匈帝国	748.7 万	702 万	120 万	362 万	220 万	46.7 万	780 万	90.0	5140 万	14.6
土耳其	312.5 万	97.5 万	32.5 万	40 万	25 万	215 万	285 万	34.2	2130 万	14.7
保加利亚	36.7 万	26.6 万	8.7 万	15.2 万	2.7 万	10 万	120 万	22.2	550 万	6.7
同盟国共计	1854.7 万	1540.4 万	338.6 万	838.8 万	363 万	314.3 万	2285 万	67.4	1.431 亿	13
总计	4426.4 万	3744.3 万	851.6 万	2117.8 万	774.4 万	673.6 万	6418.8 万	58.0	5.61 亿	7.9

从已有数据来看，直接与化学毒剂相关的伤亡人数超过了100万（113.1万），而死亡人数几乎达到了10万人（图2.4）。俄国的伤亡和死亡人数最多，因为士兵们在第一次毒气攻击期间毫无防范。光气是导致死亡人数最多的罪魁祸首，而芥子气则大幅促成了伤员数字的增长，仅有5%的芥子气暴露人员死亡。

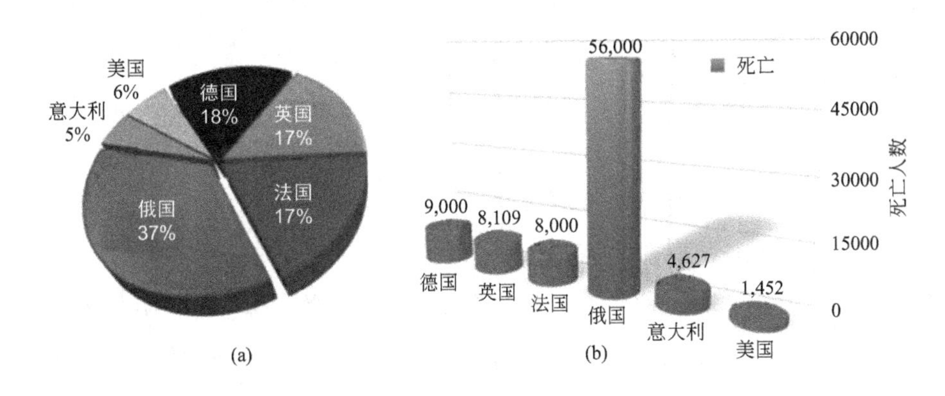

图2.4 各国士兵伤亡的百分比[17]

随着战争的推进，伤亡数量逐渐减少。这归功于防毒面具的研制。弗里茨·哈伯到死都一直是化学毒剂的支持者。他在1919年说：“化学战肯定不会比纷飞的弹片更恐怖；另外毒气伤员的死亡率更低。”[18]从伤员的角度来看，他说的没错。“一战”期间毒气死亡人数不足1%[19]。

2.3 初期的防护：护具、头盔和防毒面具

2.3.1 德国

德国在“一战”初期占尽优势。除建立特种研究机构重点研发毒气外，他们还研制出了多孔矿物硅藻土和具有高比表面的活性炭。硅藻土是一种柔软、纹理细密的白色硅质沉积矿物，具有超低

密度（0.12～0.25g/cm）和高孔隙率[20]。硅藻土由硅（>80%）、氧化铝（2%～4%）和氧化铁（0.5%～2%）组成，在各种气体和液体中具有化学惰性[21]。硅藻土由硅藻的累积与凝结而形成，而硅藻是一种单细胞水生植物（藻类），是最常见的浮游植物之一。硅藻的细胞由水合二氧化硅壁包围/浸渍，其特性是可以吸附并保留大量液体，甚至超过自身质量5倍，此性能是将这种天然材料制成工业过滤介质的主要原因。古希腊人最早利用硅藻土制造陶器和砖。德国人在防毒面具滤毒罐中使用了硅藻土。其被浸渍了消毒溶液。

炭是各种天然物质在缺氧状态下的热解产物。它是一种主要由碳组成的轻质多孔材料。根据前体的来源不同，炭表面可能会包含各种化学元素和功能团。“一战”期间大量的物质被开发用作炭前驱体。化学改性或热改性可产生具有非凡吸附特性的物质——活性炭。其特性与高比表面（大于1000m^2/g）及孔隙容积有关，使得活性炭成为各种环境修复应用中最广泛使用的材料[22]。Rafal Ostrejko是申请木炭活性专利的鼻祖，被认为是活性炭及其工业应用之父。Ostrejko 1893年生于立陶宛的约那瓦（“一战”期间隶属俄国），父母波兰籍，后在拉脱维亚学习化学。他最值得一提的专利就是$CaCl_2$的化学活化（1900年）及高温下CO_2或蒸汽的热活化（1903年）[22]。

炭与硅藻土的混合物被用作最初填充物，装进叫作Gummimaske（古米面具）的防毒面具的金属筒中。浸渍了钾碱溶液的硅藻土能有效防护氯气，而活性炭则可以防护各种有机化合物。这种滤毒器有一个代号，叫“26/8”，可能源于主滤毒罐的定型日期。从1915年9月开始一直到该年年末，几乎所有的前线德国士兵都配备了这种防毒面具。柏林大学的化学教授凯撒·威廉、化学研究所所长里夏德·维尔施泰特和拜耳勒沃库森印染厂的厂长卡尔·杜依斯贝尔格共同建立了一套生产硅藻土颗粒和活性炭的流程[5]。1915年，弗里茨·哈伯邀请里夏德·维尔施泰特参加研制新的毒气，但维尔施泰特仅同意参与研制新的防护介质。1915年，维尔施泰特凭借在植物色素，尤其是叶绿素方面的建树，斩获诺贝尔化学奖[23]。

协约国军队对光气的部署使用，为德军提出了研制防护光气的有效过滤器的需求，这种过滤器将基于有机气体/蒸汽的物理吸附。因此，升级后的金属筒版本——“11/11”共设计了三层：外层的混合物与26/8版本使用的混合物相同；中间层由炭颗粒组成，用来吸附光气和其他有毒气体；而最内层则浸渍了乌洛托品和碳酸钾的硅藻土。该过滤器自1916年4月起在战场上使用。为了进一步提高效能、增强对英国使用的氯化苦的防护，1917年一种代号为“11-C-11”的升级滤筒投入使用。这种过滤器使用了更多的炭。其研制的另一个可能原因就是芥子气的潜在使用。在后来的“Lederschutzmaske”（莱德舒茨防毒面具）M1917型号中，利用油浸防水皮革取代橡胶，并设计了圆形玻璃目镜。1917年8月，M1917型号投入使用。金属滤毒罐可拆卸，但未设计任何进气阀或出气阀。

2.3.2 英国

第一次大规模的氯气攻击令协约国军队措手不及。之后，协约国大力生产防毒面具。第一次自制的尝试是使用浸湿了中和溶液（尿或小苏打水）的棉毛口罩[24]。英国人将这种呼吸工具命名为“每日邮报”。这种口罩在1915年5月1日的氯气攻击中被使用。可悲的是，它几乎是毫无作用，因为浸湿后的口罩密不透气，导致呼吸困难。在升级版中，使用棉纱替代棉毛，避免了呼吸困难的问题。这种棉纱口罩用硫代硫酸钠、甘油、碳酸钠、水等混合剂浸泡过，可中和氯气、二氧化硫和亚硝烟。而混合剂是在分析了从德国战俘获得的呼吸器之后配制的。棉垫用纱布固定，两头简单地绕头系住。这种升级的过滤器因使用了黑色的丧祭纱布而取名为“黑面纱口罩”。尽管使用黑面纱口罩解决了呼吸的问题，但难以在匆忙时立刻系上，而且其效用也仅持续约 5 分钟。尽管有这些局限性，黑面纱口罩在 1915 年 5 月 24 日的氯气袭击中挽救了数百条生命，这是因为到 5 月 20 日几乎所有的英国军队都装备了这种口罩。此外，通过使用面纱的一部分遮挡眼睛，提供了眼睛防范毒气的选择。

接下来的尝试灵感来源于目睹一名德国士兵在毒气攻击期间把一个袋子套在头上。这种新式的面具由袋子形状的浸渍织物制成，前面的矩形眼窗提供可见度，但未设计进气阀或排气阀。该面具便于在匆忙中穿戴，因为士兵只需把面具的底部套进军装中即可。该款面具由于浸渍了海波溶液（硫代硫酸钠、连二硫酸钠、甘油），因此也称海波头盔面具或英国烟罩。这种早期面具的主要缺点就是矩形胶片眼窗极易损坏。1915 年 5 月和 9 月，有 250 余万海波头盔面具被投入使用，可有效防护氯气 3 小时。

由于防护光气和氰化氢（HCN）的需要，1915 年 7 月海波头盔面具被 P 头盔面具所取代。字母“P”来源于光气防护。这种头盔面具由两层棉布组成，提高了对单一毛层的耐蚀防护。苯酚钠被用来防护光气和氰化氢。单层胶片眼窗被两个环形玻璃镜片所取代。呼吸产生的二氧化碳对氰化氢有负面影响，由于这一原因安装了呼出气体控制阀。这种面具经历了若干的发展阶段，直至 1916 年为滤毒罐式防毒面具所取代。1915 年 12 月 19 日，在使用氯气和 25%光气混合物实施的最大规模的毒气攻击中，P 头盔面具挽救了大量英国士兵的生命。在俄国报道了乌洛托品或环六亚甲基四胺（$C_6H_{12}N_4$）可以高效吸附光气之后，这种头盔面具后来使用苯酚盐-乌洛托品溶液进行了浸渍。这种改进的面具叫 PH 头盔面具，1916 年 11 月，开始更换 PH 头盔面具。为了提高对催泪气体的防护，1916 年 1 月中旬在面罩内安装了海绵橡胶护目镜。这是最后一款“头盔”系列型号，以PHG头盔面具而为人所知。尽管它存在严重的局限性，如：在高浓度毒气中失效、可视性较差、怕雨淋、颈部容易糜烂等，但这类防毒面具还是成为士兵们最宝贵的财富，鼓舞他们坚持在战壕里继续战斗。

防毒面具发展的下一阶段就是由爱德华·哈里森设计的大盒子面具（LBR），它试图克服头盔面具的上述不足。此外，也总是担心德国人会使用新的毒气。德国证明活性炭在滤毒罐中的应用非常有效，而协约国军队最初对活性炭却一无所知。最早的LBR使用一个带有三层中和剂的水瓶。第一层是高锰酸钾颗粒，第二层是浸渍了硫酸钠溶液的小浮石块（碱石灰），第三层是炭。过滤瓶通过一根橡胶管与面罩连接。面具使用的面料用乌洛托品-锌溶液进行了浸渍，并安装了排气阀。后来证明，这种复杂的装备步兵使用起来非常笨重，难以大批量生产，成为一大败笔。该款面具于1916年2月首次配备给执行特殊任务、具有稳定的战略关键位置且远离前线的官兵使用。

LBR的改进产品是小盒子面具（SBR）。SBR的过滤装置比LBR更紧凑、重量更轻。这些特点能够让步兵使用这种面具。SBR把石灰-高锰酸盐颗粒装填在两层炭中间。1916年8月到10月，LBR全部为SBR所取代。

2.3.3 法国

法军利用棉垫面具、P型棉垫和护目镜应对催泪瓦斯。最初的型号是利用浸渍了蓖麻油和蓖麻酸钠的棉垫，它也能防护氯气和溴化剂。对光气使用的预想导致又增加了一层浸渍氨基苯磺酸钠的棉垫，这种棉垫也叫P1型棉垫。为了保护法国士兵免受对德军施放的HCN的影响，又增加了另一层浸渍了乙酸镍的棉垫，导致一种代号为Tampon P2的新型面具的问世。法军在1915年8、9月份共使用了450余万件Tampon P型面具。这些面罩在高浓度化学毒剂或长期使用时效率不高，因为只有口腔前面垫的部分是透气的，并且这部分化学物质很快就会耗尽。该面具的下一个版本设计的是圆锥形的棉垫，能同时包住鼻子和嘴。这种 Tampon T 型号的产品中，几乎所有棉垫的表面都与气体接触，因此时间效率提高了。第一批 Tampon T 型棉垫面具于 1915 年 11 月中旬抵达战场。其改进版本于 1916 年 1 月投产，带有防水罩并修改了形状，可以更快地佩戴使用。该款面具被称为 TN 型。到 2 月底，共生产了约 100 万件 T 型棉垫面具和 680 万件 TN 型棉垫面具。在棉垫面具上，护目镜成为单独的部件。

法国将棉垫整合到单目镜面具上，覆盖整个面部，首次尝试是第一款 M2 型面具。加厚的棉垫可防护光气最长达 6 小时，1916 年 3 月这款面具投入战场使用。第二款 M2 型面具是双目镜，并设计了 3 种规格尺寸。该款面具于 1916 年 4 月投入战场使用，并在 1918 年年中之前一直都是法国步兵的主要防护手段。1916 年 3 月到 1918 年 11 月间，所有型号的 M2 面具几乎生产了 3000 万件。

法军在使用 M2 及后来的 ARS 防毒面具的同时，还使用了另一款防毒面具——蒂索大面具或“APPAREILT”。这一名称起源于该款面具的发明者朱尔斯·蒂索博士。该款面具在“一战”爆发的前一年也曾用于矿山救援。过滤介质是一个方形金属箱子，因体型较大，所以需要背负携带。箱子装填了浸渍了碳酸氢钠和蓖麻油混合物的铁钾和木屑[25]。面部采用橡胶制成，吸入/呼出系统则由涂漆的铜管制成。目镜四周环绕着金属环，与橡胶粘贴一体。该款面具最主要的优点就是基于“蒂索原则”进行了设计，吸入的空气在两根橡胶管中围绕目镜内部流动。镜片上冷空气和新鲜空气的持续流动可防止结雾，采用这种方式解决了镜片起雾的问题。镜片具有除雾功能、没有夹鼻的不适感以及面具具有通话功能，使得蒂索大面具成为“一战”期间最舒适、最有效的防毒面具。首批

450 套面具于 1916 年 7 月运抵战场。1916 年和 1917 年，出现蒂索大面具的改进版[5]。利用一个圆形片对明显脆弱的“挡板型”排气阀加以保护（图 2.5），而橡胶材料更加厚实并用熟亚麻仁油加以浸渍[25]。差不多在战场上首次亮相一年后，木屑被木炭所取代。

蒂索面具的主要缺点是尺寸和重量。由于这一原因，蒂索面具仅配发给固定岗位的守卫及履行重要任务的士兵，如大炮炮手、迫击炮手、狙击手、传令兵、军医、工兵等。1917 年，随着小尺寸过滤箱的应用，步兵也有了使用防毒面具的可能。这种面具叫蒂索小面具或 1917 型蒂索。在停战协议签署（1918 年 11 月 11 日）前，共计生产了 10 余万件蒂索大面具和蒂索小面具。因为橡胶易分解，几乎没有任何装置留存至今，因此蒂索面具目前已成为最稀有的装备之一。安装了可更换滤毒罐的面具被称为 ARS 面具（特种呼吸系统 1917），并首次于 1917 年 11 月投入战场使用。浸渍过蜡或油的橡胶面罩上设计了两个胶片目镜。与蒂索面具类似，吸入的空气流也直接通过滤毒罐到达目镜，防止镜片起雾。由于尺寸比 SBR 小、没有夹鼻的不适感和可通话以及防雾特性，ARS 成为最受协约国士兵欢迎的防毒面具，从 1917 年 11 月到 1918 年 11 月，几乎使用了 530 万件 ARS 面具。

2.3.4 意大利

意大利利用法国的技术制造防毒面具。首款面具是由一层浸渍了硫酸氢盐和碳酸苏打水溶液的厚纱布制成的，而防护眼镜要单独佩戴。该款面具只能有效防护氯气。后来，又陆续研发出了许多不同的面具，由于这些面具功能用途单一，因此也叫 monovolente。1916 年 6 月 29 日，奥地利军队使用光气，制造了 Mount San Michele 灾难，此后这些面具就被弃用了。在此次灾难中，共有

2000余名意大利士兵伤亡，约5000名士兵中毒[26]。第一款多用途面具波列沃列特（polivolente）是基于法国的TN面具研制的。这款新面具具有相同的棉垫，目镜单独佩戴，但能够防护光气。下一款Z型面具，叫作漏斗型，是基于法国M2面具研制的。该款面具于1917年1月投入使用[27]，它利用橡胶布（后来改用皮革）覆盖住整个头部。里面的纱布提高了防护光气的性能，而护目镜与面具做成一体化。尽管进行了多项改进，但该款面具使用时间有限，且无法防护较新的有毒化合物，如芥子气。波列沃列特系列面具退役后，意大利军队在1917年的Caporetto战役中（10月24日到11月19日）开始装备英国的SBR面具。

2.3.5 俄国

与其他国家相比，俄国化学毒剂死伤人数最多。俄军方将防毒面具研制任务下达给了催化理论与应用的创始人Nikolay Zelinsky[28]。他报道称普通炭也具有吸附有机烟气的绝好性能。Zelinsky在战前也曾研究通过煅烧生产活性炭。尽管Zelinsky在德军第一次毒气攻击前就已设计了面具过滤系统，但将它用作全脸面具还存在许多困难。在经过数次试验之后，工程师Kummant设计出了一种橡胶面具。Zelinsky与Kummant共同研制的代号为“Petersburg”的首款面具于1916年2月运抵战场，该面具配备了一个悬挂在面具下方的圆形滤毒罐，挽救了大量俄军士兵的生命。下一款改进型号“莫斯科”是一种方形过滤系统。“一战”期间共有1100余万件面具投入战场使用。值得一提的是，大多数防毒面具都使用活性炭作为主要过滤介质。

2.3.6 美国

美国在1917年4月6日国会宣战后参加了“一战”。虽然在3年前“一战”就已经开始了，但美军对毒气和防毒面具的知识和经验还相对较少。这是因为知识和经验的更新总是落后于西线战事的发展。在许多情况下，协约国故意不披露战争形势的完整局势，因为担心它会降低美国积极参战的意愿。第一批订单生产了2.5万件与英国小盒子呼吸器相似的防毒面具，并于1917年5月16日配备到位。在不到1个月时间里，2万套面具准备就绪并运往英国进行检测。不幸的是，这些面具（也叫Bureau of Mines面具）被认为不适合使用，原因是碱石灰颗粒形成的大板结块阻挡了进气口。而且，橡胶面罩易受到氯化苦的侵蚀。

7月，第二批生产的面具成为美国训练防毒面具（ATS）。该款面具几乎与第一款面具相同，但从未输送海外。由于生产是在英军通知美军这批面具无效之前就开始了，因此ATS被归类为“试验型号”，主要用于训练目的。美军训练条例规定，穿上SBR或ATS面具的最长时间应为9秒。这种型号的面具的生产时间不到3个月。

首批数量有限的士兵/步兵（约1.4万人），也称“一战”步兵，于1917年6月抵达法国。但由于训练美国军队需要时间，美国步兵（第一师）于该年的10月21日才首次参与战斗。同时，在1917年7月5日，美国陆军为欧洲前线组建了一支特种远征军——美国远征军（AEF）。1918年，大量美国军队开始逐步抵达欧洲。值得提及的是，到6月份，抵达士兵的数量达到了每天1万人。1918年3月16日，美国远征军在帕尔尼（法国）附近首次遭受了毒气攻击[29]。德国军队发现，美军除了2个小时毒气防护课程以及使用防毒面具演示这种纸上谈兵的理论培训外没有任何经验，由此发起了各种气体攻击。尽管美国步兵从一开始就配备了英国的SBR面具和法国的M2面具，但许多士兵并没有及时设法戴上面具，在他们意识到毒气的存在或使用时，为时已晚。此外，士兵们还遭受了食物污染。

新版的训练面具是1917年10月开始生产并在美国战场上使用的第一个面具。这种经过改进的英式面具（CE）采用了帆布面罩，两个透明目镜四周镶嵌着金属边框。由于重新设计了金属鼻夹和类似呼吸管一样的橡胶送话器，使得CE面具的佩戴更加舒适。为了保护超灵敏的排气阀，增加了钢支架。黄色的“H”滤毒罐也进行了改进，主要使用椰壳活性炭进行了填充。CE面具的升级版采用了玻璃目镜，并采用了更有效的保护支架。在1918年3月前，总共生产了差不多200万件CE面具提供给美国远征军使用。

下一个版本的面具叫RFK面具，以设计者Richardson、Flory和Kops的首字母命名。该款面具是“一战”期间军队使用的主要面具。它采用更宽的面罩，重新设计了两条可调整的头带，玻璃镜片是黄色的。接下来研发的绿色“J”滤毒罐采用椰壳活性炭与碱石灰颗粒及浸渍棉垫的结合。该款面具的呼吸阻力更低。从1918年2月一直到“一战”停战协议签订，这种版本的面具共使用了300余万件。战争结束前，还研制了其他3个型号：Akron Tissot（AT）、Kops Tissot（KT）和Kops Tissot Monro（KTM）。这3种型号都采用了先进的蒂索呼吸装置，不再需要使用鼻夹和送话器。因生产能力的限制，每一种型号的产量分别约为29万、33.5万和2000件。

很显然，需要一种更可靠的、基于吸附原理而不是中和原理的呼吸器。此外，芥子气使用后，可用于各种防护介质的先进吸附材料的开发需求也增加了。这种糜烂性毒剂能够穿透衣物和皮肤，在战壕中甚至可以残留数周，也加大了对军装、手套和鞋靴防护的必要性。

1917年前最重要的防毒面具型号及化学毒剂使用纪事见图

2.5。“一战”期间研制的所有面具和滤毒罐，连同其在战场上首次使用的时间、化学毒剂目标，以及过滤介质的化学成分如表2.3所示。

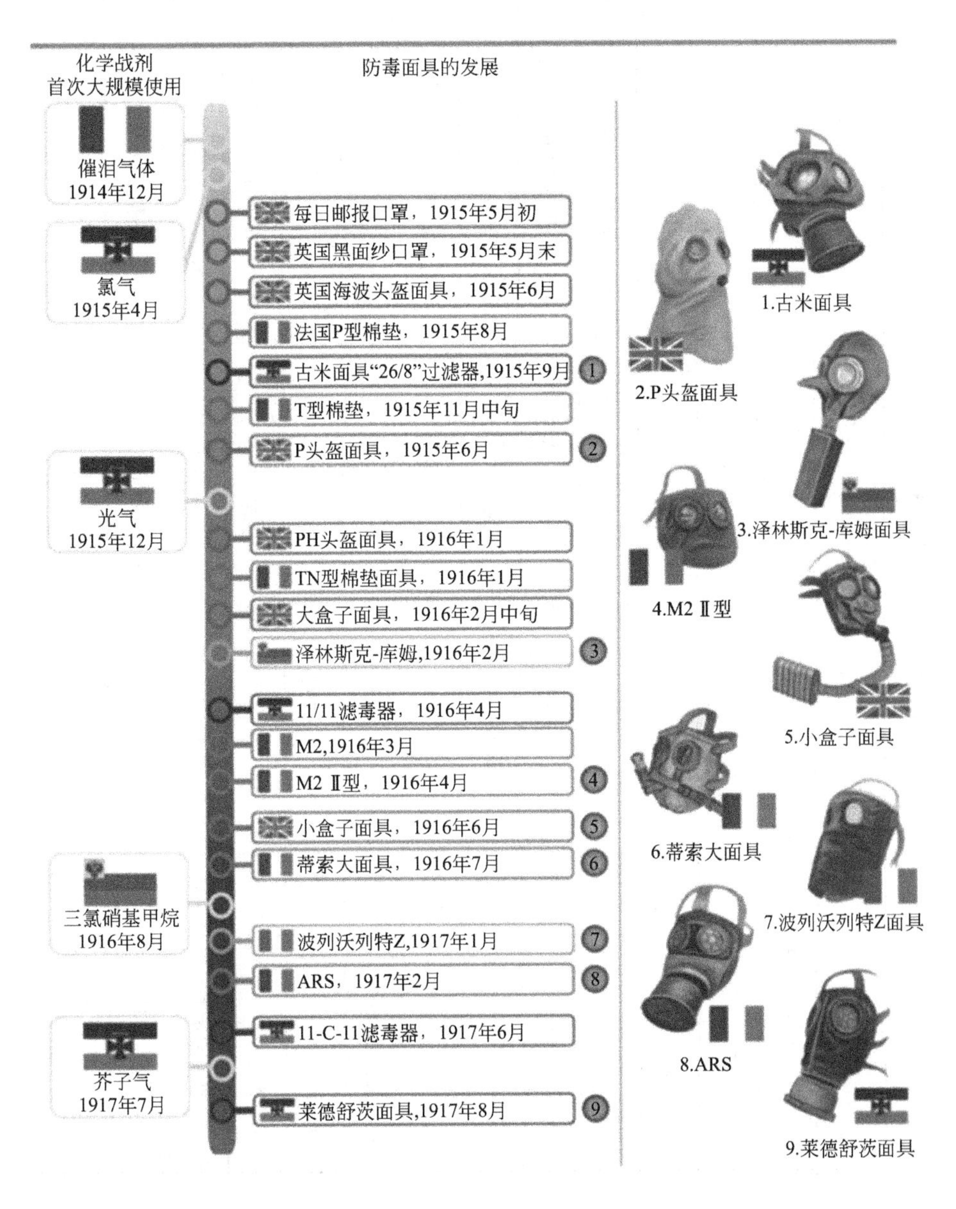

图2.5　1917年前主要防毒面具型号及化学毒剂使用大事记

表 2.3 “一战”期间研制的面具和滤毒罐

	名称	投入使用月份	军队	类型	设计防护的种类	化学品
1915	1915 年 4 月的氯气攻击(译者注:原文是 2015 年)					
	德国口罩	4 月	德军	(P)	氯气	硫代硫酸钠
	每日邮报口罩	5 月	英军	(P)	氯气	尿或小苏打
	黑面纱口罩	5 月	英军	(P)	氯气、二氧化硫、亚硝烟	硫代硫酸钠、glucerine① 、碳酸钠、水
	海波头盔面具	6 月	英军	(FP)	氯气、二氧化硫、亚硝烟	海波溶液(硫代硫酸钠、甘油)
	P 头盔面具	7 月	英军	(FP)	光气、HCN	海波溶液加上苯酚钠
	P 型棉垫面具	8 月	法军	(P)	氯气、溴化物	浸渍了蓖麻油和蓖麻酸钠的棉垫
	P1 型棉垫面具	8 月	法军	(P)	光气	P 型棉垫加上另一层浸渍了磺胺酸钠的棉垫,用以防护光气
	古米面具	9 月	德军	(FC)	氯气、催泪气体	硅藻土与木炭
	PH 头盔面具	10 月	英军	(FP)	氯气、催泪气体	海波溶液加上苯酚钠和六胺苯酚盐
	P2 型棉垫面具	10 月	法军	(P)	HCN	像 P1 一样又外加一层浸渍了乙酸镍的棉垫
	T 型棉垫面具	11 月	法军		催泪气体、氯气	像 P2 一样,面具形状不同
	光气——1915 年 12 月					

续表

年份	名称	投入使用月份	军队	类型	设计防护的种类	化学品
1916	PHG头盔面具	1月	英军	(FP)	氯气、催泪气体、	像PH一样，外加海绵橡胶护目镜
	TN型棉垫面具	1月	法军	(P)	光气、催泪气体、氯气	像T一样，外加防水罩
	TN型棉垫面具	1月	法军	(P)	光气、催泪气体、氯气	像T一样，外加防水罩
	Zelinsk-Kum	2月	俄军	(FC)	光气、催泪气体、氯气	活性炭
	大盒子面具	2月	英军	(FS)	光气、催泪气体、氯气	高锰酸钾颗粒、浸渍了硫酸钠溶液的小浮石块和炭
	M2	3月	法军	(FP)	光气、催泪气体、氯气	单目镜面具内浸渍了棉垫
	11/11	4月	德军	(C)	光气、催泪气体、氯气	炭颗粒与浸渍了乌洛托品和碳酸钾的硅藻土
	M2 Ⅱ型	4月	法军	(FP)	光气、催泪气体、氯气	双目镜取代单目镜
	蒂索大面具	7月	法军	(FS)	光气、催泪气体、氯气	浸渍碳酸氢钠和蓖麻油混合物的铁钾和木屑
	三氯硝基甲烷——1916年8月					
	小盒子面具	8月	英军	(FS)	光气、催泪气体、氯气	炭与石灰-高锰酸盐颗粒

续表

名称		投入使用月份	军队	类型	设计防护的种类	化学品
1917	波列沃列特Z面具	8月	意大利	(FP)	光气、催泪气体、氯气	面罩内各种浸渍棉垫
	蒂索小面具	1月	法军	(FS)	光气、催泪气体、氯气	利用碳酸氢钠和蓖麻油浸渍铁钾和木屑
	11-C-11	3月	德军	(C)	三氯硝基甲烷、芥子气	较之11-11加的炭更多
	训练防毒面具	6月	美军	(FS)	光气、催泪气体、氯气	基于SBR
	芥子气——1917年7月					
	莱德舒茨面具	8月	德军	(FC)	芥子气	利用用油浸过的防水皮革取代橡胶
	CE	10月	美军	(FS)	光气、催泪气体、氯气	活性炭取材于椰壳
	ARS	11月	法军	(FS)	芥子气、光气、催泪气体、氯气	蒂索原则，用油或蜡浸渍橡胶面罩
1918	RFK	2月	美军	(FS)	芥子气、光气、催泪气体、氯气	活性炭取材于椰壳和碱石灰颗粒，浸渍棉垫
	AT	6月	美军	(FS)	芥子气、光气、催泪气体、氯气	蒂索原则
	KT	8月	美军	(FS)	芥子气、光气、催泪气体、氯气	蒂索原则
	KTM	10月	美军	(FS)	芥子气、光气、催泪气体、氯气	蒂索原则

① 英文原版可能有误。可能是glycerine（甘油）。

参考文献

[1] M. Duffy, *Weapons of War—Poison Gas* (2009). http://www.firstworldwar.com
[2] E.A. Croddy, J.J. Wirtz, *Mass Weapons of Mass Destruction*, 1st edn. (ABC-Clio, 2004)
[3] D. Stoltzenberg, F. Haberm, *Chemist, Nobel Laureate, German, Jew: A Biography*, 1st edn. (Chemical Heritage Foundation, 2005)
[4] J.J.Wirtz, E.A. Croddy, *Weapons of Mass Destruction: An Encyclopedia of Worldwide Policy, Technology, and History*, 1st edn. (2004)
[5] J. Simon, *World War I Gas Warfare Tactics and Equipment*, vol 13 (Osprey Publishing, 2008)
[6] R. Black, Development, historical use and properties of chemical warfare agents. Chem. Warf. Toxicol. Fundam. Asp. R. Soc. Chem. **1** (2016). https://doi.org/10.1039/9781849739696-00001
[7] J. Davy, On a gaseous compound of carbonic oxide and chlorine. Philos. Trans. R. Soc. Lond. **102**, 144–151 (1812). https://doi.org/10.1098/rstl.1812.0008
[8] M. Vargic, (2013). www.historyrundown.com
[9] M. Gunther, (2015). chemistryworld.com
[10] H.B. Kagan, Victor Grignard and Paul Sabatier: two showcase laureates of the nobel prize for chemistry. Angew. Chem. Int. Ed. Engl. 7376–7382 (2012). https://doi.org/10.1002/anie.201201849
[11] J. Patocka, K. Kuca, Irritant compounds : military respiratory irritants. Part I. Lacrimators **84**, 128–139 (2015)
[12] T. Marrs, R. Maynard, F. Sidell, *Chemical Warfare Agents: Toxicology and Treatment*, 2nd edn. (Wiley, West Sussex, England, 2007)
[13] L. Szinicz, History of chemical and biological warfare agents. Toxicology **214**, 167–181 (2005). https://doi.org/10.1016/j.tox.2005.06.011
[14] D.A. Giannakoudakis, Synthesis of Complex/Multifunctional Metal (Hydr) oxide/Graphite Oxide/AuNPs or AgNPs Adsorbents and Analysis of their Interactions with Chemical Warfare Agents. Thesis, CUNY Acad. Work 2017
[15] C.H. Heller, *Chemical Warfare in World War I: The American Experience, 1917-1918* (Leavenworth Pap, 1984), p. 109
[16] K. Kim, O.G. Tsay, D.A. Atwood, D.G. Churchill, Destruction and detection of chemical warfare agents. Chem. Rev. (Washington, DC, United States) **111**, 5345–5403 (2011). https://doi.org/10.1021/cr100193y
[17] M. Duffy, (n.d.). firstworldwar.com
[18] D. Charles, *Master Mind: The Rise and Fall of Fritz Haber, The Nobel Laureate who Launched the Age of Chemical Warfare*, 1st edn. (2005)
[19] 100 years of chemical weapons. Chem. Eng. News. (2015). http://chemicalweapons.cenmag.org
[20] J.P. Smol; E.F. Stoermer (eds.), *The Diatoms: Applications for the Environmental and Earth Sciences*, 2nd edn. (Cambridge University Press, 2010)
[21] L.E. Antonides, DIATOMITE, Sophia, pp. 1–7 (1998)
[22] T.J. Bandosz, *Activated Carbon Surfaces in Environmental Remediation* (Elsevier, 2006)
[23] D. Trauner, Richard Willstätter and the 1915 nobel prize in chemistry. Angew. Chem. Int. Ed. Engl. **54**, 11910–11916 (2015). https://doi.org/10.1002/anie.201505507
[24] T.M. Maguire, B. Baker, *Em38 British Military Respirators and Anti-Gas Equipment of the Two World Wars*, 1st edn. (The Crowood Press, 2015)
[25] French Tissot Apparatus (AKA Tissot Large Box Respirator)|Gas Mask and Respirator Wiki|Fandom powered by Wikia, (n.d.)
[26] Itineraries of WWI-Travelling in history (2010). http://www.itinerarigrandeguerra.com/code/43726/The-attack-with-phosgene-on-Mount-San-Michele
[27] N. Thomas, D. Babc, *Armies in the Balkans 1914–18*, 1st edn. (Osprey Publishing, 2001)
[28] A.N. Nesmeyanov, A.V. Tophiev, B.A. Kazansky, N.I. Shuikin, To the memory of

academician Nikolai Dmitrievich Zelinsky. Bull. Acad. Sci. USSR Div. Chem. Sci. **2**, 683–690 (1954). https://doi.org/10.1007/BF01178843
[29] T.I. Faith, *Behind the Gas Mask: The U.S. Chemical Warfare Service in War and Peace* (University of Illinois Press, 2014)

第 3 章

芥子气：化学毒剂之王

3.1 芥子气

糜烂性毒剂（或发疱剂）硫芥气，也叫芥子气，由于其最有效且广泛使用，可以被看作是毒气之王。它是“一战”中造成伤亡人数最多的一种化学毒剂。芥子气的主要成分是双（2-氯乙基）硫醚（图 3.1）。它由英国教授弗雷德里克·格思里在 1860 年合成并表征。尽管之前有关芥子气合成的报道最早可以追溯到 1822 年，但格思里是亲自用皮肤接触芥子气并提到其刺激性质的第一人。而认识到其高毒性和大规模生产的潜力则耗时 57 年。这种糜烂性毒剂具有像芥子植物或大蒜一样独特的腐烂味道，因此得名芥子气。芥子气早期的名称来源于 Wilhelm Lommel 和 Wilhelm Steinkopf 两人（他们在 1916 年为德军发明了大规模生产的方法）姓氏的前两个字母，但在伊普尔攻击前就已经不再使用这个名称了。芥子气大

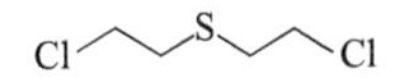

图 3.1　双（2-氯乙基）硫醚，也称芥子气（分子量 159.07）

量使用的另一个主要原因是它从前体合成相对简单，而这些前体对于“一战”时的德国很容易获得。

芥子气这个名称是一种误导，因为双（2-氯乙基）硫醚是无色、黏稠的液体（25℃时密度为1.2685g/mL），不溶于水，熔点为14℃，218℃时分解[1]。在环境条件下其化学性质极其稳定。有意思的是，几年前从比利时战场上挖出的“一战”和“二战”期间使用的德国炮弹显示，这种毒剂几乎并未降解[2]。报道中出现的有色云团是由于使用了不纯的芥子气，因为几乎在所有情况下，芥子气都是以混合物形式使用的。芥子气的烟气比空气重5倍，蒸气压力在25℃时为0.106Torr（1Torr=133.322Pa）。

与光气和氢氰酸相似，芥子气对人和动物是高毒的。毒性最强的暴露途径是吸入，但也能够穿透皮肤。芥子气可攻击呼吸道、眼睛和皮肤，起初像刺激剂那样发生作用，随后毒害人体细胞。其毒性与蛋白质烷基化并快速穿透膜进入活细胞的能力有关，在水解后释放出HCl。暴露于芥子气的后果会逐步显现出来。在最初阶段，这种毒剂会攻击皮肤、眼睛和呼吸道，造成溃烂。最常见的症状就是皮肤糜烂和眼睛充血，并伴有疼痛，这些症状甚至在遭暴露后几个小时就显现出来。在第二阶段，芥子气会攻击各个器官的细胞。数天后受害者遭受咳血、肌肉痉挛、呕吐、打喷嚏、水疱斑坏死以及失明的可能。如果受害者沾染的芥子气剂量过大，那么可能会引发心脏衰竭或肺水肿，导致在3天内死亡。对于160磅（约72.6公斤）体重的人，液态芥子气的致死剂量约为7.5g。而以气体形式吸入的芥子气，其致命性取决于接触时间和浓度。在伊普尔第一次使用时，由于芥子气云团在抵达协约国军队时其浓度很低，仅有5%的暴露士兵最后死亡。

芥子气之所以成为一种流行的化学毒剂，也归因于其污染敌方壕沟的能力。它能够在土壤及在常规天气条件下保持稳定。沾染的场地在2～3天内具有高毒性，而在极寒条件下芥子气可保持长达数月的毒性。在许多情况下，它与非挥发性溶剂混合，会拓展战场壕沟污染的范围。芥子气的另一个性质就是，它能够穿透衣物，因此防毒面具不能提供彻底的防护。由于芥子气可以破坏防线、引发严重的短期及长期损伤、必须采用全身防护装备、能够污染攻击场地长达数日，其成为使用最多、危险性最大的化学毒剂之一。另一个与芥子气使用相关的问题就是，沾染芥子气的受害者不能在不加任何处理的情况下就直接移送到医院，因为他们的衣物甚至头发都有可能会污染整个医院。

3.2 "一战"后芥子气的使用

芥子气的使用并不仅限于第一次世界大战。尽管意大利签署了禁止使用化学武器和生物武器的《日内瓦议定书》，但意大利独裁者本尼托·墨索里尼1935年曾命令利用芥子气轰炸海尔·塞拉西皇帝的军队。意大利军队1935—1936年在阿比西尼亚殖民运动（埃塞俄比亚帝国）期间大量使用了芥子气。北也门内战期间（1962—1970）埃及军队为了支持政变也曾对也门皇室政权使用芥子气。1988年3月，伊拉克军队奉萨达姆·侯赛因之命，也曾使用芥子气炮弹打击库尔德人。芥子气依然是一种长期威胁，因为它可以被恐怖分子轻易生产。即便在其发明150余年之后以及在其首次使用几乎100年后，依然没有找到任何解毒方法，因为其活性的第一步——烷基化的过程发生极快[3]。一些内伤可通过药品进行控制。例如，肺部损伤可利用支气管扩张疗法进行治疗，而眼睛损伤可采用抗生素进行控制。皮肤损伤，可能是二度化学烧伤或三度化学烧伤，可采用肥皂水和少量的漂白剂（盐溶液）加以控制。在皮肤损伤治愈后，可能有必要进行外科整形。

3.3 芥子气的分解途径

最常用的芥子气分解途径见图 3.2。水解和脱氢卤化是各种中和剂和吸附剂的最理想反应路径；然而，两种路径都会形成有毒产物。尽管两种路径都会形成盐酸，但水解还会形成硫二甘醇（TG）。在吸附反应过程中形成的氯离子可能会污染吸附剂的活性中心。由于在芥子气分解过程中形成的自由基会发生重组，光反应催化剂的使用会导致形成分子量增大的分子。即便是这些化合物的毒性极低，也不希望在分解过程中产生这些化合物。选择性氧化过程会产生无毒的亚砜衍生物，而完全氧化过程产生的砜类衍生物则具有糜烂性质。基于这种原因，抑制毒性产物（HCl 和 TG）及采

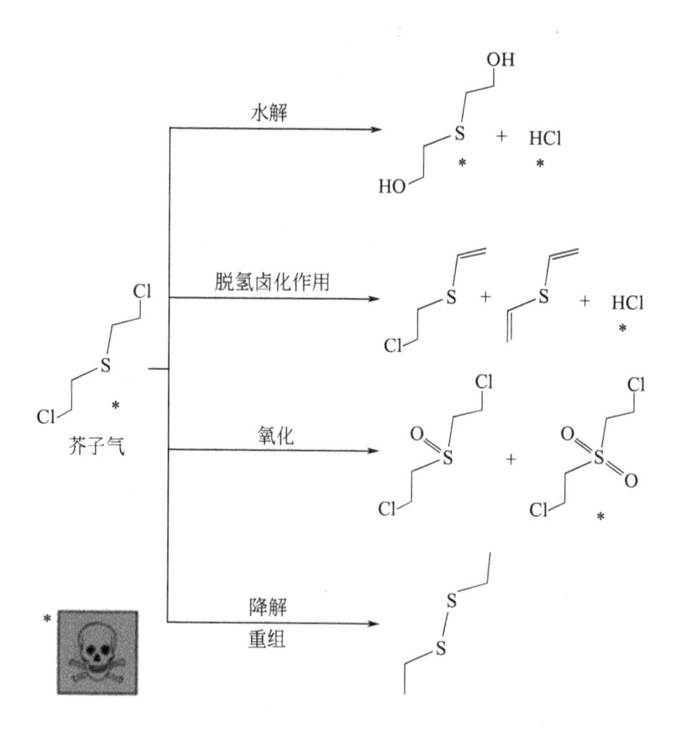

图 3.2 芥子气的去毒途径（*表示有毒化合物）

用选择性部分氧化过程已成为、正成为和将成为发展有效消毒芥子气的先进材料的最终目标。

3.4 芥子气模拟剂

由于化学毒剂毒性极高，往往采用模拟剂和衍生品来研发洗消技术。最常用的芥子气模拟剂就是半芥子气——2-氯乙基乙基硫醚（CEES，图 3.3），其毒性低于芥子气。CEES 包含与芥子气相同的 $ClCH_2CH_2S$ 基。该基团决定了其毒性。CEES 的沸点为 156℃，在 25℃下的密度为 1.07g/mL。

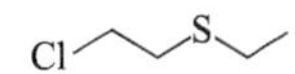

图 3.3　2-氯乙基乙基硫醚，也称半芥子气

3.4.1 芥子气模拟剂——CEES 的消毒方法

CEES 最常用的消毒途径见图 3.4。水解生成氢化硫醚（HE-ES)，而脱氢卤化作用则产生二乙烯硫醚（EVS）。这两种方法是文献报道的金属氧化物与溶液中 CEES 相互作用的最主要的方法。在两种情况下，都会生成氯化氢。后者的毒性几乎与 CEES 相同。吸附反应过程中形成的氯离子可能会污染吸附剂的活性中心，造成吸附性能的降低。CEES 的氧化可能会导致形成亚砜和砜。因为砜为高毒物质，因此，仅有选择性氧化过程是理想的。许多光反应性催化剂会导致生成二硫或多硫化物，因为在此过程中，自由基的介入会使 S—C 键断裂，形成的中间产物再进一步重组到各种产物/组合物中，最终形成比 CEES 分子量更大的产物。此外，经水解或氧化后，CEES 的 S—C 键断裂过程可能会产生小片断，如乙醇、乙醛、氯乙醛、乙硫醚等。这些化合物无毒、易挥发，并且由于体

积较小，它们会留存在过滤材料的孔隙系统内。

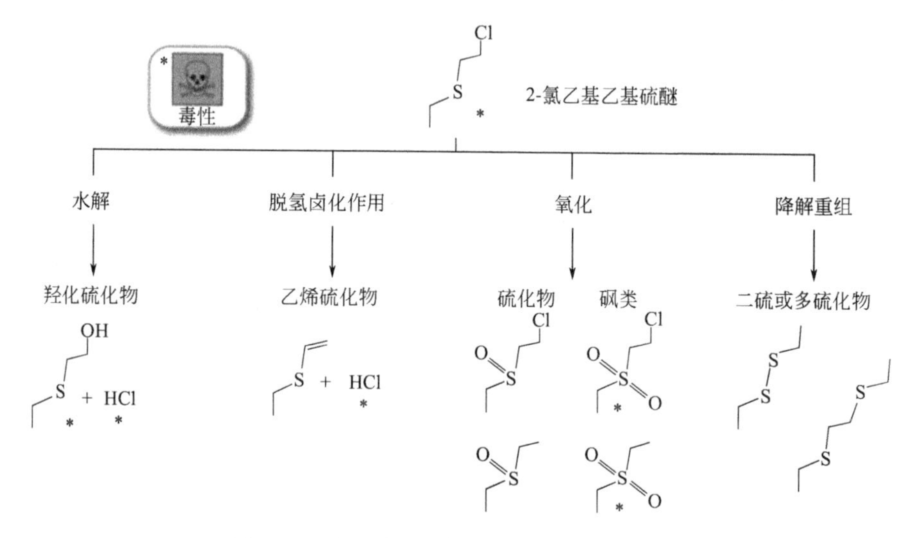

图 3.4 文献中报道的 CEES 的消毒途径

参考文献

[1] S. Chauhan, S. Chauhan, R. D'Cruz, S. Faruqi, K.K. Singh, S. Varma et al., Chemical warfare agents. Environ. Toxicol. Pharmacol. **26**, 113–122 (2008). https://doi.org/10.1016/j.etap.2008.03.003

[2] D. Esfandiary, The Five Most Deadly Chemical Weapons of War, (2014)

[3] Organisation for the prohibition of chemical Weapons (2017), https://www.opcw.org. Accessed 03 Sep 2017

第4章

化学毒剂的防护

4.1 惠特莱特：改进的军用活性炭

化学毒剂在战场上首次大规模使用后不久，为士兵研制防护媒介，主要是防毒面具，就成为重要的研究目标。首批试验是基于覆盖口鼻的过滤方式，并浸渍了各种在化学上能够中和有毒物质的溶解液。化学毒剂的多样性及对可能使用新型化学毒剂的恐惧感导致快速发展“理想”的呼吸装备：利用滤毒罐进行呼吸的全面罩面具，能够同时保护眼部和呼吸道。活性炭物理吸附有机化合物的独特性质逐渐使其成为协约国军队滤毒罐使用的主要填充物。然而，这种研发过程在德军实施第一次氯气攻击之后差不多用了1年时间。在1915年4月首次大规模氯气攻击之后的4个月，德军采用这种装备为所有的士兵提供防护。有趣的是，类似的防毒面具早在1850年就由格拉斯哥的约翰·斯腾豪斯设计出来了[1]，并经过了很长的时间才在战场上应用。

起初，毒气的吸附是基于范德华力在高孔隙度木炭中产生的物理吸附。这类炭的微小孔隙拥有少量的弱活性中心，因此对较大的毒性分子并未表现出很强的吸附能力。为了增加活性炭的吸附能力，大家开始应用浸渍活性物质的活性炭。利用这种方法，这类浸渍的活性物质能够通过化学键强有力地截留毒性分子，或者将其催化分解成更小的分子，并进一步在炭相被物理吸附。该技术的主要缺点是，炭过滤罐的吸附能力直接与炭的数量以及浸渍程度成正比。最早的军用浸渍炭是由 J. C. Whetzel 和 E. W. Fuller 研制出来的，并以他们的名字命名为惠特莱特（Whetlerites）[2]。浸渍炭的种类很多，但今天的惠特莱特通常表示整个军用浸渍炭家族。惠特莱特 A 是第一种在“一战”中使用的此类材料。最常用的是 ASC 惠特莱特，它包含了铜、铬和银。也对其他各种无毒、环保的金属进行了试验，主要是为了替换铬。ASZMT 浸渍炭包含了铜、银、锌和钼，另外又浸渍了三亚乙基二胺，表现出了最佳性能[3]。若干金属的组合使得惠特莱特能够充当催化剂，为各种化学毒剂消毒。今天，惠特莱特被用于军用面具滤毒罐的装填物。

4.2 新型吸附/消毒材料研究

材料学的挑战就是发展新一代材料，这种材料将在已有碳基过滤器的基础上提升消毒性能，以便应用到更小、更轻的产品中去。这样的材料不仅能够用于防毒面具，而且也可用于服装及工业、医疗和军事应用中。在过去几十年中，许多材料已被研究用于化学毒剂消毒，尤其是对芥子气及其模拟剂 CEES 的消毒。主要目标就是强有力地截留表面的毒性分子，并快速有选择性地将其催化分解成更小、无毒的化合物。

由于实验装置的差异，文献中研究的材料性能与 CEES 活性吸附剂难以进行直接比较。多数研究集中在溶液的吸附性能、消毒动力学和在不同溶剂中的分解路径等方面，所采用的溶剂包括：四氯化碳、庚烷、甲醇、戊烷、四氢呋喃、三氯甲烷、二氯甲烷等[4-13]。最令研究人员感兴趣的材料主要是金属基材料，如单一氧化物或混合氧化物、金属有机骨架材料（MOF）、沸石等。各种试验材料的性能、吸附试验条件、主要结论以及被检测的反应产物等信息参见表4.1。在本书中，我们收录了有关芥子气模拟剂CEES蒸气与各种金属氧化物/氢氧化物、其复合物与氧化石墨或纳米粒子（金或银）相互作用的最新研究成果；并收录了纳米粉末、混合（水）氧化物、金属有机骨架复合材料与氧化石墨氮化碳纳米球以及碳纤维的最新研究成果；也提到了织物（棉布或炭质）的改良；最后，介绍了能够同时吸附、降解和感知的“智能”材料。

表4.1 在各种材料上去除芥子气和CEES的主要研究

材料	条件	观察结果	反应产物	参考文献
Cu-BTC MOF	四氯化碳中的芥子气与CEES溶液	多孔结构发挥了关键作用。去除动力学遵从一级反应	TG、HEES	[4]
CaO纳米	粉末与液态芥子气直接反应	反应导致80%的消除和20%的水解发生	TG、DVS、CEVS	[5]
CuO煅烧纳米粒子	粉末与液态芥子气直接反应	煅烧温度改变吸附能力和降解产物的性质	TG、DVS、HEVS、CEVS	[6]
MgO纳米粒子	庚烷、戊烷甲醇与四氢呋喃中的CEES溶液	晶体形状和表面面积影响消毒效果。在戊烷中获得最高反应率	EVS、HEES	[7,8]
VO_2多孔纳米管	粉末与液态CEES直接反应，与戊烷溶液直接反应	溶液中比与液滴直接接触降解速度更快	HEES、硫化物、EVS	[9]
$Zr(OH)_4$	粉末与芥子气直接反应	难溶性芥子气在亲水性氢氧化锆上经历缓慢的水解	TG和乙烯产物	[10]
ZnO纳米棒与商用ZnO	氯仿中的芥子气溶液	即便是在几乎相等的表面积下，ZnO纳米棒的分解比商用ZnO更加有效	TG、DVS	[11]

续表

材料	条件	观察结果	反应产物	参考文献
MnO_2 纳米带	二氯甲烷中的芥子气与 CEES 溶液	仅发生水解作用	DG、HEES	[12]
TiO_2	CEES 蒸气	在 UV 中吸附后从表面萃取 25 个化合物，但只有 7 种黑暗中被检测出来	26 个化合物	[14]
UiO-66/UiO-67	CEES 无缓冲水溶液	水解是主要的脱毒途径	HEES	[15]
NU-1000	UV LED 用于 O_2 的形成	MOF 的可复用性导致增加脱毒率	CEESO	[16]

注：硫二甘醇（TG）、羟乙基乙基硫醚（HEES）、乙烯基硫醚（DVS）、羟乙基乙烯基硫醚（HEVS）、乙基乙烯基硫醚（EVS）、氯乙基乙烯基硫化物（CEVS）、2-氯乙基乙基亚砜（CEESO）。

参考文献

[1] P. Lodewyckx, Chapter 10 Adsorption of chemical warfare agents, in *Act. Carbon Surfaces Environ. Remediat.*, 1st edn ed. by T.J. Bandosz (Elsevier, 2006), pp. 475–528. doi:https://doi.org/10.1016/S1573-4285(06)80019-0

[2] J.W. Patrick (ed.), *Porosity in Carbons: Characterization and Applications* (Halsted Press, New York, 1995)

[3] P. Lodewyckx, Activated Carbon Surfaces in Environmental Remediation. Interface Sci. Technol. **7**, 475–528 (2006). https://doi.org/10.1016/S1573-4285(06)80019-0

[4] A. Roy, A.K. Srivastava, B. Singh, T.H.H. Mahato, D. Shah, a. K.K. Halve, Degradation of sulfur mustard and 2-chloroethyl ethyl sulfide on Cu-BTC metal organic framework. Microporous Mesoporous Mater. **162,** 207–212. (2012). doi:https://doi.org/10.1016/j.micromeso.2012.06.011

[5] G.W. Wagner, O.B. Koper, E. Lucas, S. Decker, K.J. Klabunde, Reactions of VX, GD, and HD with nanosize CaO: autocatalytic dehydrohalogenation of HD. J. Phys. Chem. B. **104**, 5118–5123 (2000). https://doi.org/10.1021/jp000101j

[6] T.H. Mahato, B. Singh, A.K. Srivastava, G.K. Prasad, A.R. Srivastava, K. Ganesan et al., Effect of calcinations temperature of CuO nanoparticle on the kinetics of decontamination and decontamination products of sulphur mustard. J. Hazard. Mater. **192**, 1890–1895 (2011). https://doi.org/10.1016/j.jhazmat.2011.06.078

[7] B. Maddah, H. Chalabi, Synthesis of MgO nanoparticales and identification of their destructive reaction products by 2-chloroethyl ethyl sulfide. Int. J. Nanosci. Nanotechnol. **8**, 157–164 (2012)

[8] R.M. Narske, K.J. Klabunde, S. Fultz, Solvent effects on the heterogeneous adsorption and reactions of (2-chloroethyl)ethyl sulfide on nanocrystalline magnesium oxide. Langmuir **18**, 4819–4825 (2002). https://doi.org/10.1021/la020195j

[9] B. Singh, T.H. Mahato, A.K. Srivastava, G.K. Prasad, K. Ganesan, R. Vijayaraghavan et al., Significance of porous structure on degradatin of 2,2' dichloro diethyl sulphide and 2 chloroethyl ethyl sulphide on the surface of vanadium oxide nanostructure. J. Hazard. Mater. **190**, 1053–1057 (2011). https://doi.org/10.1016/j.jhazmat.2011.02.003
[10] T.J. Bandosz, M. Laskoski, J. Mahle, G. Mogilevsky, G.W. Peterson, J.A. Rossin et al., Reactions of VX, GD, and HD with $Zr(OH)_4$: near instantaneous decontamination of VX. J. Phys. Chem. C **116**, 11606–11614 (2012). https://doi.org/10.1021/jp3028879
[11] G.K. Prasad, T.H. Mahato, B. Singh, K. Ganesan, P. Pandey, K. Sekhar, Detoxification reactions of sulphur mustard on the surface of zinc oxide nanosized rods. J. Hazard. Mater. **149**, 460–464 (2007). https://doi.org/10.1016/j.jhazmat.2007.04.010
[12] T.H. Mahato, G.K. Prasad, B. Singh, K. Batra, K. Ganesan, Mesoporous manganese oxide nanobelts for decontamination of sarin, sulphur mustard and chloro ethyl ethyl sulphide. Microporous Mesoporous Mater. **132**, 15–21 (2010). https://doi.org/10.1016/j.micromeso.2009.05.035
[13] N.S. Bobbitt, M.L. Mendonca, A.J. Howarth, T. Islamoglu, J.T. Hupp, O.K. Farha et al., Metal–organic frameworks for the removal of toxic industrial chemicals and chemical warfare agents. Chem. Soc. Rev. **46**, 3357–3385 (2017). https://doi.org/10.1039/C7CS00108H
[14] A.V. Vorontsov, C. Lion, E.N. Savinov, P.G. Smirniotis, Pathways of photocatalytic gas phase destruction of HD simulant 2-chloroethyl ethyl sulfide. J. Catal. **220**, 414–423 (2003). https://doi.org/10.1016/S0021-9517(03)00293-8
[15] R. Gil-San-Millan, E. López-Maya, M. Hall, N.M. Padial, G.W. Peterson, J.B. DeCoste et al., Chemical warfare agents detoxification properties of zirconium metal-organic frameworks by synergistic incorporation of nucleophilic and basic sites. ACS Appl. Mater. Interfaces. **9**, 23967–23973 (2017). https://doi.org/10.1021/acsami.7b06341
[16] Y. Liu, C.T. Buru, A.J. Howarth, J.J. Mahle, J.H. Buchanan, J.B. DeCoste et al., Efficient and selective oxidation of sulfur mustard using singlet oxygen generated by a pyrene-based metal–organic framework. J. Mater. Chem. A. **4**, 13809–13813 (2016). https://doi.org/10.1039/C6TA05903A

第5章

化学毒剂消毒新方法

5.1 锌（氢）氧化物基多功能纳米复合材料

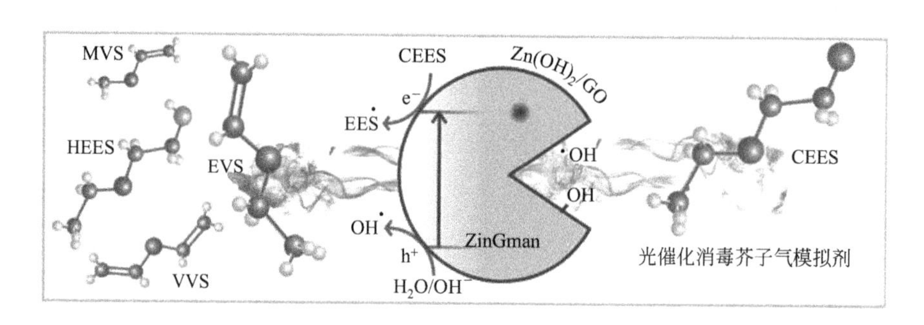

经 Elsevier 许可，本小节中收录了参考文献［1］和［2］报道的结果。

5.1.1 锌（氢）氧化物的一步式湿法沉淀

5.1.1.1 碱液滴加速度的作用

我们研究的一项重要任务是确定形成高孔隙率纯氢氧化锌的合成条件。为此，使用一步式沉淀法，以水作为溶剂，氢氧化钠作为碱，氯化锌作为金属源（$ZnCl_2$ 与 NaOH 的摩尔比为 1∶2）。已有文献报道，溶液 pH、温度和碱加入金属盐溶液速率的变化都会导致金属（氢）氧化物特征的不同。因此，通过这些途径，可以显著调整孔隙率和颗粒尺寸等结构和形貌特征。

按照两种方法将碱加入氯化锌溶液中。在第一种方法中，碱以受控速率滴加。尽管尝试了多种不同的添加速率，但只有速率为 1mL/min、2mL/min、10mL/min 和 20mL/min 时获得的沉淀进行了分析。碱完全添加后，沉淀在 95℃±5℃热处理 1h。在第二种方法中，将碱很快地加入盐溶液中。获得沉淀之后在室温下搅拌 10min、30min 以及 2h、12h、24h 和 48h 以进行老化处理。

5.1.1.2　结构和形貌表征

使用粉末 X 射线衍射分析合成样品的晶型和纯度。六方 ZnO（würtzite）、正交 ε-$Zn(OH)_2$（wülfingite）和正交 γ-$Zn(OH)_2$ 的特征衍射峰分别对应于标准卡片 JCPDS 36-1451[3,4]、JCPDS 38-0385[5]和 PFD 00-020-1437[6]，如图 5.1 所示。

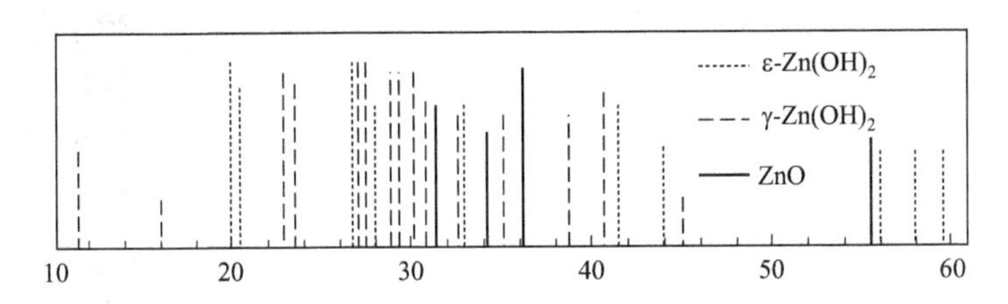

图 5.1　正交 γ-$Zn(OH)_2$、正交 ε-$Zn(OH)_2$（wülfingite）和六方 ZnO（würtzite）的 JCPDS 标准衍射图谱

图 5.2 为滴加碱来制备样品的 XRD 图谱。在以 2mL/min 滴加速率合成的样品中，正交 ε-$Zn(OH)_2$ 是主要晶相，其 2θ 在 20.2、20.9、27.2、27.7、32.8、39.5、40.8、42.1、52.4、57.8、59.5 和 60.4 的衍射峰与 JCPDS 卡片 38-0385 完全匹配。然

而，2θ 位于 31.7、34.4、36.2 和 47.6 处的次要衍射对应于六方结构氧化锌，而 γ-$Zn(OH)_2$ 相关衍射峰在该样品中未被检测到。剩下的以 1mL/min、10mL/min、20mL/min 滴加速率制备的样品，除了 ε-$Zn(OH)_2$ 的衍射峰之外，在 2θ 为 11.5、28.5、30.7、和 34.8 处出现峰，对应于 γ-$Zn(OH)_2$ 结构，其衍射峰强度不同。在完全加入碱之后，沉淀于 95℃ 下热处理 1h，结果显示，从以 2mL/min 速率和随后于 95℃±5℃ 热处理 1h 制备的样品的谱图中可以看出，随着加热，晶型结构改变至良好结晶态的 ZnO。对于其余的实验，以及在较低的温度下老化（60℃±5℃）都发现相同的现象。基于这些发现，可以得出结论，一步式湿法合成法非常敏感，碱的加入速率对最终晶体结构的形成起着关键作用。

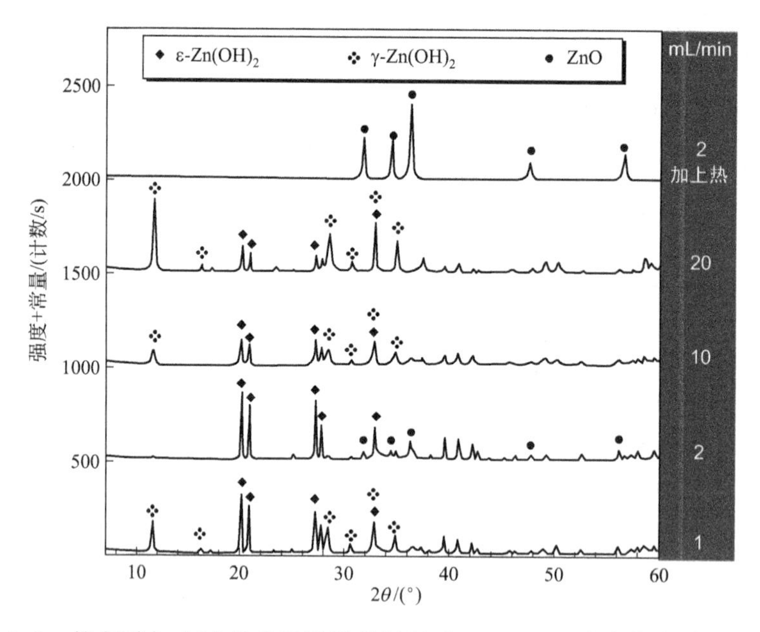

图 5.2　控制碱加入速率获得的样品以及以 2mL/min 速率制备并随后于 95℃±5℃热处理 1h 的样品的 XRD 图谱

在图 5.3 的 SEM 图像中，可以看出由于不同滴加速率导致的晶体结构形貌的差异。在以 1mL/min 滴加速率制备样品的 SEM

图像中［图 5.3(a)］，检测到两个不同的晶相，分别对应于具有片状形状的 γ-$Zn(OH)_2$ 颗粒和八面体形状的 ε-$Zn(OH)_2$ 颗粒。从 XRD 谱图中可以看出，以 2mL/min 速率制备的样品主要存在八面体 ε-$Zn(OH)_2$ 颗粒［图 5.3(b)］。滴加速率的进一步增加导致具有八面体的 ε-$Zn(OH)_2$ 颗粒转变为 γ-$Zn(OH)_2$ 相［图 5.3(c)，(d)］。

(a) (b) (c) (d)

图 5.3 控制碱加入速率获得的样品的 SEM 图像

快速滴加碱并在不同老化过程后获得的样品的 X 射线衍射图见图 5.4，这整个系列样品的粉末 X 射线衍射图谱表明，晶相都是六方氧化锌，在 2θ 为 31.7、34.4、36.2 的三个最强峰和 47.6 处的峰，与 JCPDS 卡 36-1451 完美匹配一致。当老化时间超过 2h，发现了痕量的 ε-$Zn(OH)_2$。老化 48h 以上，它们在沉淀中完全消失。有趣的是，老化超过 24h 的样品的衍射图显示 ZnO 相特征峰的强度下降。由于 2θ 在 34.4 处的峰值强度下降最多，这可能与规整的六方结构部分破坏有关。峰变宽是由于颗粒尺寸的减小所致。

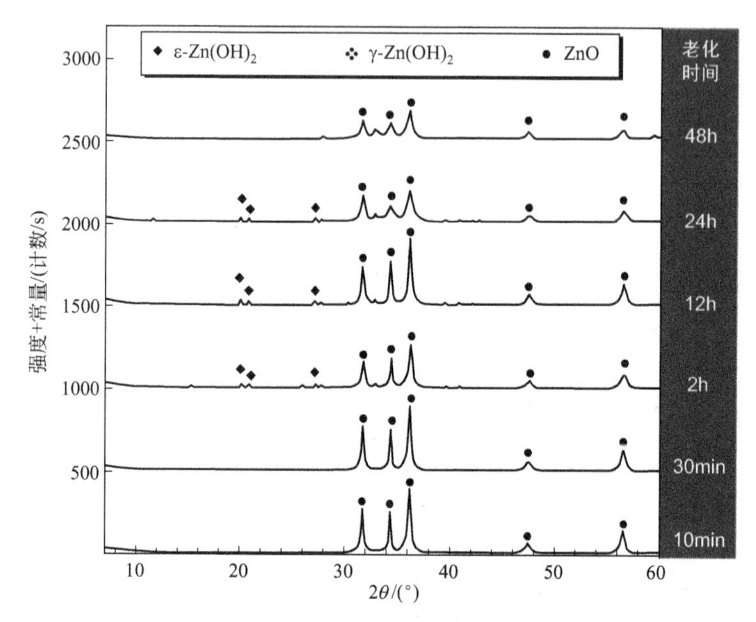

图 5.4　快速滴加碱并经不同老化时间后获得的样品的 X 射线衍射图谱

老化 2h 样品的 SEM 图像显示主要的花状纳米颗粒对应于 ZnO 相［见图 5.5(a)］，也可以看到有缺陷的八面体 ε-$Zn(OH)_2$ 颗粒。这一发现与 X 射线衍射图谱的结果一致，其也检测到两种不同的晶体相。在老化 12h 的样品中，上述两相的尺寸减小［图 5.5(b)］。老化 24h 后，花状颗粒转化为米状颗粒［图 5.5(c)］，进一步的老化导致形成尺寸更小的球形纳米颗粒［图 5.5(d)］。

5.1.1.3　pH 的影响

由于主要目标是获得氢氧化锌，基于目标反应 $ZnCl_2 + 2NaOH \longrightarrow Zn(OH)_2 + 2NaCl$，所有样品的 $NaOH/ZnCl_2$ 摩尔比为 2∶1。前体溶液的初始 pH 为 5.9±0.2。在逐滴加碱的情况下，溶液的 pH 不会超过 9.8。另一方面，当碱迅速加入时，pH 达到 11.4±0.2。向锌前体溶液中滴加碱导致形成各种水络合物中间体，

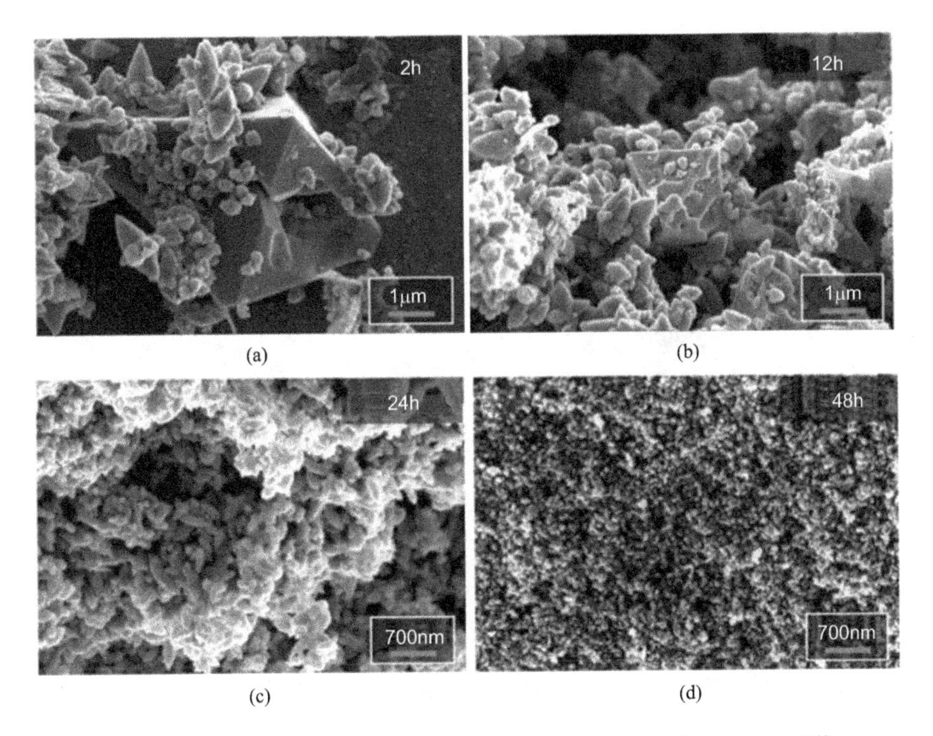

(a) (b) (c) (d)

图 5.5 快速添加碱并经不同老化时间后获得的样品的 SEM 图像

如 $[Zn(OH)_4]^{2-}$、$[Zn(OH)_3]^-$ 和 $[Zn(OH)_x(H_2O)_y]^{2-x}$[7,8]。如果在整个合成期间，在室温下将 pH 保持在 6.5 和 10 之间，相比 ZnO 沉淀而言，更易生成稳定的 $Zn(OH)_2$ 沉淀。在这种条件下，水合物中间体会缩合，形成氢氧化锌。相反，如在快速滴加的情况下，pH 增加至超过 10.8，开始导致同时形成 ZnO 和 $Zn(OH)_2$。后一相 $Zn(OH)_2$ 是不稳定的，会通过两种可能的途径转化为 ZnO[7]。第一种涉及锌水复合物的溶解，然后在整个 pH 范围内再沉淀为难溶并更稳定的 ZnO[8]。第二种途径涉及由脱水引起的固态转变。可以得出结论，ZnO 或 $Zn(OH)_2$ 的形成取决于沉淀动力学，并且可以通过调节 pH 来控制。提出的机制（图 5.6）与通过 $Zn(OH)_2$ 分解形成 ZnO 的研究一致[5,7,9,10]。通过改变混合时间和 pH 梯度来形成不同沉淀物进一步支持前面的发现[8,9]。

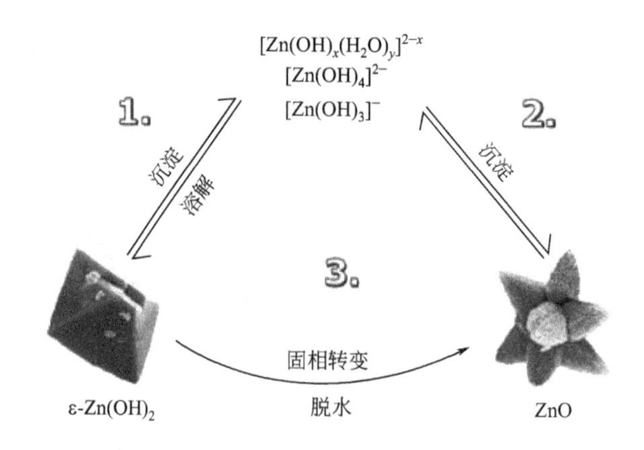

图 5.6 形成 $Zn(OH)_2$ 和 ZnO 的可能反应路径的示意图

（转载自参考文献 [1]，版权 2017，获得 Elsevier 许可）

5.1.1.4 小结

本节的结果表明，通过控制沉淀剂（NaOH）在氯化锌溶液中的滴加速率，可以获得氢氧化锌或氧化锌。慢速率导致形成正交 $Zn(OH)_2$ 颗粒，而快速添加导致形成 ZnO。控制最终结构形式的主要因素是 pH。在快速滴加的情况下，加入碱后 pH 上升到 10.8 以上，而逐滴加碱时 pH 保持低于 9.8。XRD 和 SEM 分析显示样品之间明显的结构差异。

5.1.2 $Zn(OH)_2$ 和 ZnO 对比：羟基的关键作用

5.1.2.1 引言和材料

为了比较吸附和光催化性能，以及确定哪些因素起关键作用，选择了两个样品，第一个是以 2mL/min 滴加速率制备的 ZnO，选择它是因为它由氢氧化锌相组成，这个样品被称为 ZnSA；第二种选择的材料是通过快速滴加并经 2h 老化制备的 ZnO，它主要由氧化锌纳米花状颗粒组成，这个样品被称为 ZnRA。为了比较，商业

ZnO 纳米颗粒被用作参照材料，并称之为 ZnO-C。

5.1.2.2 结构、化学和光学表征

三个选定样品的 XRD 衍射图谱见图 5.7。以慢碱滴加速率合成的样品（ZnSA）的 XRD 图表明，ε-$Zn(OH)_2$ 为主要晶相，而位于 31.7、34.4、36.2 和 47.6 衍射峰对应于痕量六方结构的 ZnO。通过快速滴加碱制备的样品的衍射峰对应于六方结构的 ZnO。也注意到 ZnO 中同时存在 ε-$Zn(OH)_2$，但含量有限。ZnO-C 的谱图与六方结构的 ZnO 完美匹配。使用 Scherrer 方程[11]计算出 ZnSA、ZnRA 和 ZnO-C 的晶粒尺寸分别为 48.6nm、11.8nm 和 15.1nm。

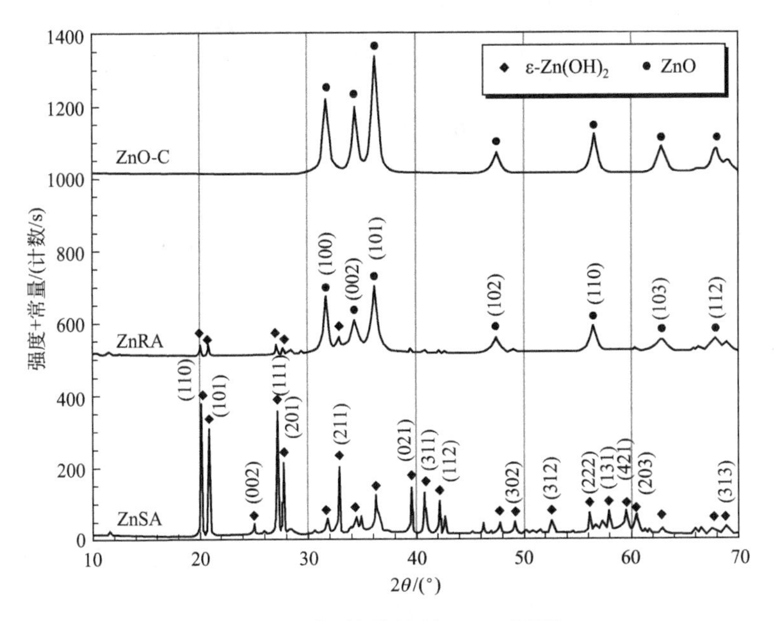

图 5.7 初始样品的 XRD 图谱

（转载自参考文献［1］，版权 2017，获得 Elsevier 许可）

ZnSA 和 ZnRA 的孔结构明显不同。总孔体积和比表面积见图 5.8。ZnSA 的总孔体积比 ZnRA 高几十倍。前者样品的比表面积也比 ZnRA 高 350%。ZnO-C 具有介孔结构，总孔体积比 ZnSA 低

20%，但比 ZnRA 高 6 倍以上。

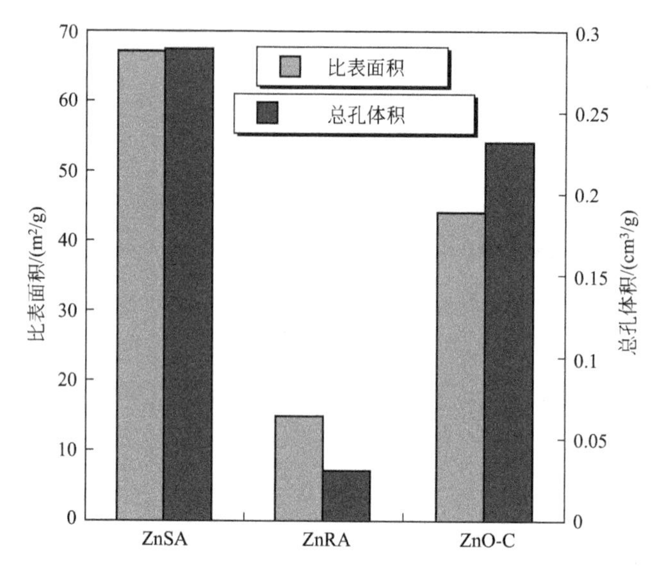

图 5.8 根据 N_2 吸附等温线计算得到的结构参数对比

（转载自参考文献 [1]，版权 2017，获得 Elsevier 许可）

材料的氮气吸附等温线为Ⅱ型，并明显表明材料具有介孔结构（图 5.9）[12]。这是一个重要的特征，可能在 CEES 活性吸附过程中发挥重要作用[13,14]。观察到部分的 H3 型迟滞环，表明了非复杂形状孔隙的存在[12]。形状简单、尺寸较大的孔有望允许 CEES 分子渗透到活性位点。

从 ZnSA 的 SEM 图像上可以看到具有菱形八面体形状、结晶度良好的微米级 ε-$Zn(OH)_2$ 颗粒 [图 5.10(a)，文后彩插][8,9,15]。此外，还显示有少量具有相近颗粒尺寸的片状 ZnO 相 [图 5.10(b)，文后彩插]。对于 ZnRA，花状氧化锌颗粒是主要的晶相，尺寸约为 0.5～1.2μm [图 5.10(c)，文后彩插]。这与 XRD 结果一致。除了氧化物相外，也检测到 ε-$Zn(OH)_2$ 的菱形八面体形状颗粒，为次相 [图 5.10(d)，文后彩插]。商业氧化锌由球形纳米粒子的聚集体组成，大小范围为 40～180nm [图 5.10(e)，(f)，文后彩插]。

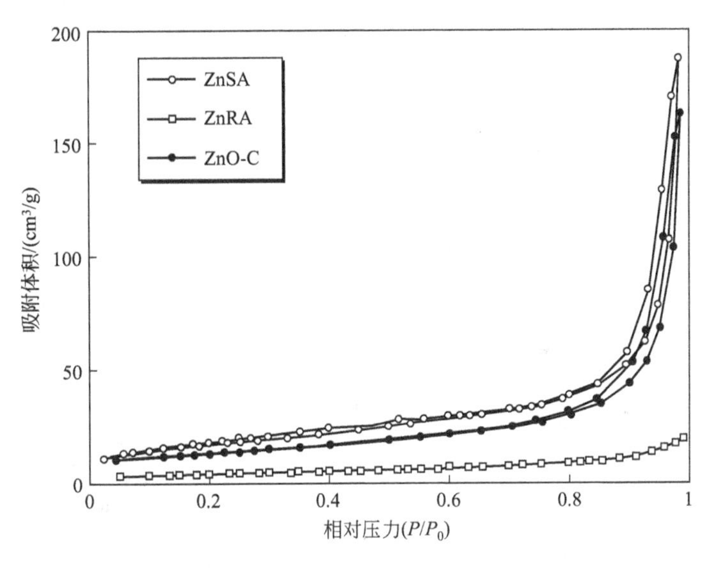

图 5.9 氮气吸附等温线

图 5.11 是样品的 FTIR 光谱。在 ZnSA 的光谱中，$715cm^{-1}$ 和 $900cm^{-1}$ 处的强烈而清晰的峰属于 OH 基团的弯曲和振动状态，而在 $830cm^{-1}$ 处的峰属于—OH 变形振动[16]。Zn—OH 弯曲和扭曲振动分别位为 $1040cm^{-1}$ 和 $1090cm^{-1}$ 处[7,17]。$1390cm^{-1}$ 和 $1360cm^{-1}$ 的肩峰，以及 $1500cm^{-1}$ 处的峰对应于氢氧化锌和水中—OH 的振动。在 $2950cm^{-1}$ 和 $3350cm^{-1}$ 之间并且峰值在 $3240cm^{-1}$ 处的宽峰代表无机相的体相—OH 基团，而 $3450cm^{-1}$ 的峰属于水分子的 OH 基团[7]。

ZnRA 则有不同的 FTIR 光谱图。$Zn(OH)_2$ 的扭曲和弯曲振动完全消失，而处于 $715cm^{-1}$ 和 $900cm^{-1}$ 处与 OH 基团相关的峰具有相当小的强度。在 $2950cm^{-1}$ 和 $3350cm^{-1}$ 之间的宽峰和在 $3450cm^{-1}$ 处代表水的峰强度也很小。与羟基相关峰的存在与少量氢氧化锌杂质有关，和通过 X 射线衍射检测到的一致。这与所报道的由氢氧化锌热分解合成氧化锌的 FTIR 光谱完全一致，其中沉淀最终 pH 接近于 11[7]。对于 ZnO-C，不存在属于 OH 基团的峰，

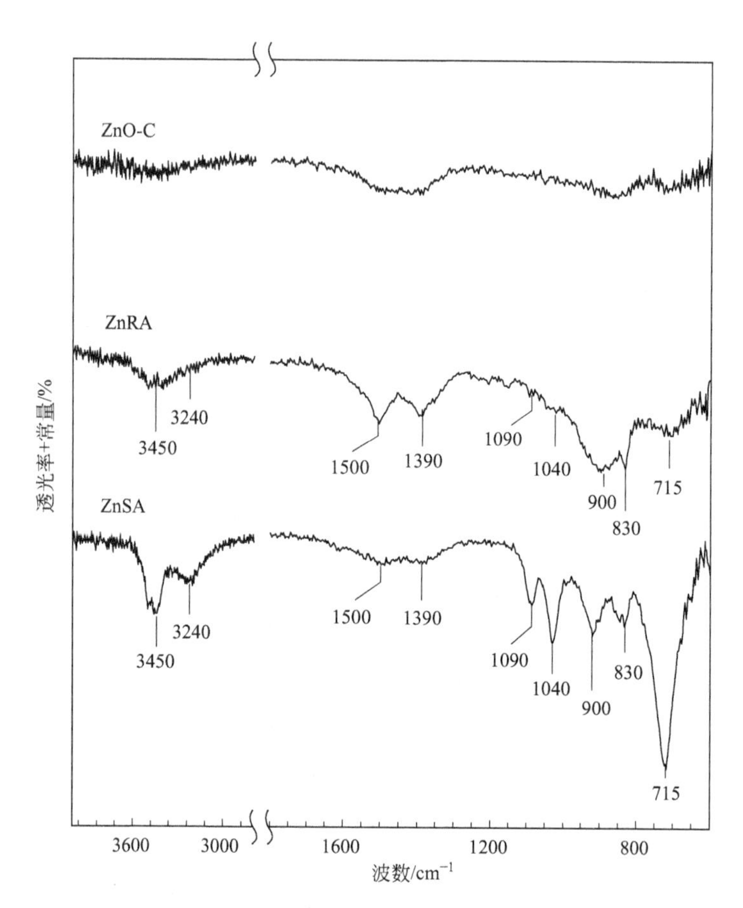

图 5.11　ZnSA，ZnRA 和 ZnO-C 样品的 FTIR 图谱

（转载自参考文献［1］，版权 2017，获得 Elsevier 许可）

说明其具有较高纯度。

采用电位滴定法测定表面官能团的数量和种类[18,19]。图 5.12 是样品的 pK_a 分布。确定了两种类型的基团：pK_a 为 7～8 的和 pK_a 高于 10 的。第一种与桥氧基团相关，第二种与末端羟基相关[20]。在较高的 pK_a 下，ZnSA 上存在末端羟基比另外两个样品多，表明该样品具有更强的碱性，这很可能是由它们不同化学环境引起的。可以清楚地看到，ZnSA 表面两种类型基团的量都高于 ZnRA 表面的。用快速碱加入法所制备样品的末端 OH 基仅为

ZnSA 上的 29%，而 ZnSA 样品比 ZnRA 多 27%的桥联基团。与 ZnSA 相比，商业氧化锌的末端和桥联基团的数量分别少了 62%和 84%。ZnRA 表面桥联基团的量比 ZnO-C 的更多，可能与氢氧化锌杂质相关。

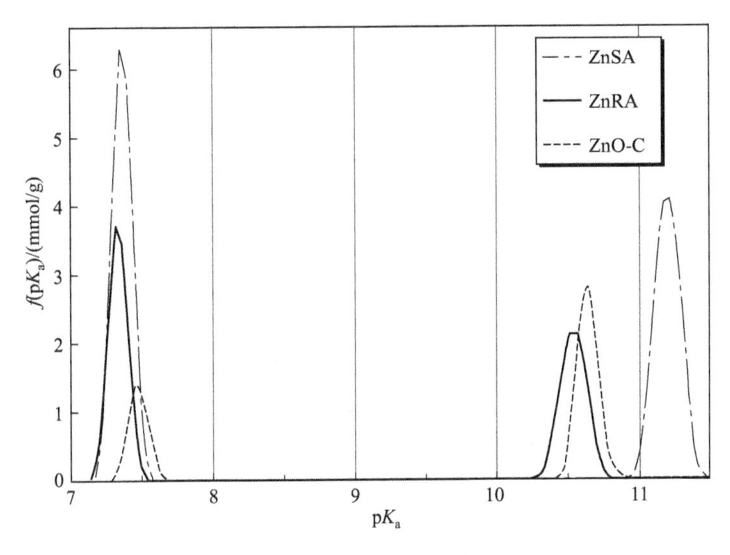

图 5.12　样品 pK_a 分布

（转载自参考文献［1］，版权 2017，获得 Elsevier 许可）

采用 UV-Vis-NIR 漫反射光谱法评估了样品的光学性质。图 5.13(a) 显示，在整个电磁波谱中，ZnRA 可获得最高的光子吸收峰。随着波长接近 UV 范围，该吸收峰快速增长。ZnSA 和 ZnO-C 的吸收光谱遵循相同的规律，而在 UV 范围内，ZnSA 的吸收显著降低。根据 UV-Vis-NIR 的光谱可计算出带隙（E_g）[13]。图 5.13 (b) 是采用外推法线性拟合的 $[F(R_\infty)h\nu]^2$ 随光子能量（$h\nu$）的变化图。预测 ZnSA、ZnRA 和 ZnO-C 的能带隙分别为 3.22eV、3.05eV 和 2.98eV。ZnO-C 和 ZnRA 的 E_g 值在文献［21］报道的氧化锌其他值的范围之内，而 ZnSA 的 E_g 值则是锌（氢）氧化物的典型值[22,23]。可见光范围内的宽带隙是我们材料的优势，因为这种特性有利于光催化剂和光学器件的应用[24]。

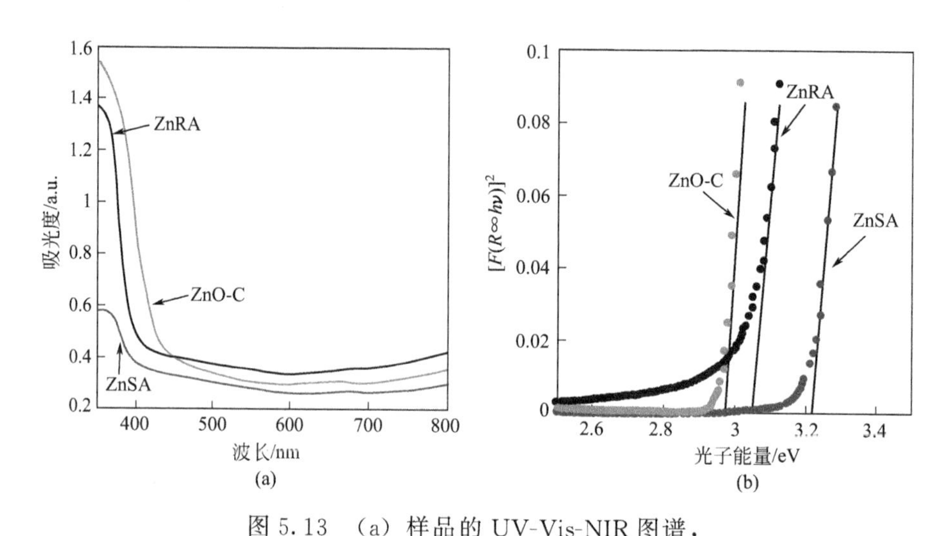

图 5.13 (a) 样品的 UV-Vis-NIR 图谱，

(b) $[F(R_\infty)h\nu]^2$ 随光子能量变化

(这些线是用于计算带隙能量的分割线。转载自参考文献 [1]，

版权 2017，获 Elsevier 许可)

5.1.2.3 吸附性能：可见光照射的作用

采用这些材料作为 CEES 的活性吸附剂开展了评价。记录了这些材料暴露于 CEES 蒸气中 24h 后增加的质量。质量的增加代表样品保留 CEES 和/或其表面反应产物的能力 (Q_{ads})。该值由每克材料增加的质量 (mg) 来记录。太阳光模拟器照射下和在黑暗中 (D) 获得的结果如图 5.14 所示。

具有最高吸附量的为 ZnSA，分别比光照和黑暗下的 ZnRA 高 263%和 120%。只有 ZnSA 显示出在光照下比在黑暗中高约 2 倍的质量增加量。这是 ZnSA 样品具有光活性的证据。在光照和黑暗条件下，ZnO-C 和 ZnRA 都表现出相同的质量增加量。商业样品 (译者注：即 ZnO-C) 测得的吸附容量仅为 ZnSA 的一半，但几乎是 ZnRA 吸附容量的两倍。值得一提的是，虽然实验中没有测量光束密度，但尝试了在太阳模拟器和封闭吸附系统之间的不同距离开展测试，以及在环境光下进行测试。在所有情况下，吸附容量与图 5.14 中报告的值相同。这表明，即使在低光照下，ZnSA 也具有光敏性。

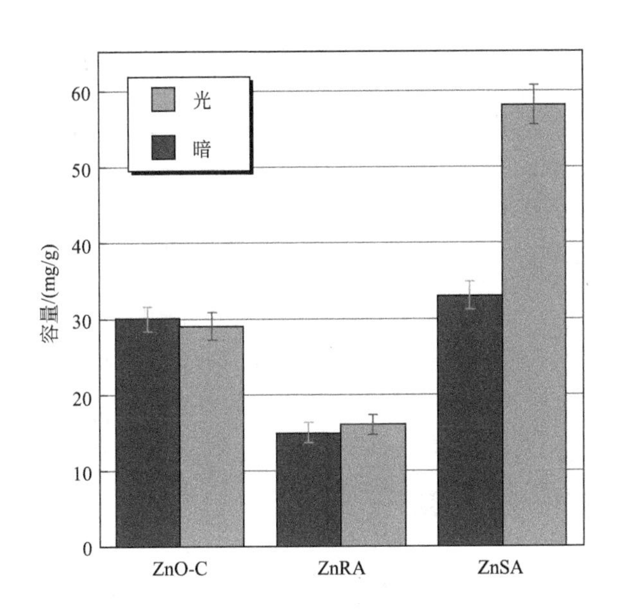

图 5.14 在太阳光模拟器的光照射下和黑暗中测量的吸附容量

5.1.2.4 结构参数的作用

图 5.15 显示了光照和黑暗条件下容量和结构参数（比表面积和总孔体积）之间的相关性。容量对结构参数的相关性显示，在黑暗中进行的实验呈线性趋势。相反，在光照下测量的容量相关性较弱。由于相关系数为 0.99，因此总孔体积在黑暗条件下的吸附过程中起关键作用。这可能与 CEES 分子渗透到孔结构中并通过弱相互作用力进一步截留 CEES 分子有关。除了弱物理作用力之外，形成的表面反应产物很可能通过化学键保留在表面上。

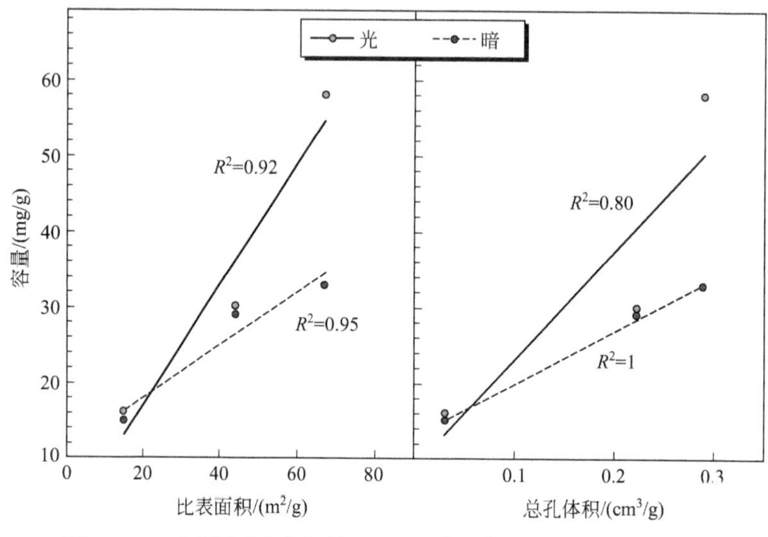

图 5.15 光照和黑暗条件下，吸附量与比表面积（左）和总孔体积（右）之间的相关性

5.1.2.5 表面化学的作用

图 5.16 显示了吸附容量与末端和桥联基团数量之间的关系。仅有末端羟基在光照射下才显示 $R^2=0.97$ 的线性趋势。与光照条件下开展实验所获得的质量增加量与孔隙率间的相关性相比，这种趋势更明显。必须指出的是，质量增加量与桥联基团数量之间没有线性关系。这些实验结果表明羟基具有关键性作用，特别是在光活性方面的作用。这些结果似乎也能解释 CEES 分子保留在样品表面上的现象。ZnSA 具有最大的表面积和末端羟基数，因此即使在黑暗中也表现出最高的吸附性能。先前报道了末端 OH 基在氢氧化锆吸附 CWAs 实际蒸气反应过程中有积极作用[25]。煅烧导致 $Zr(OH)_4$ 转变成 ZrO_2，从而降低了其反应性。

5.1.2.6 吸附后样品的表征

为了评估吸附机理，对吸附后样品进行热分析，同时对脱附气

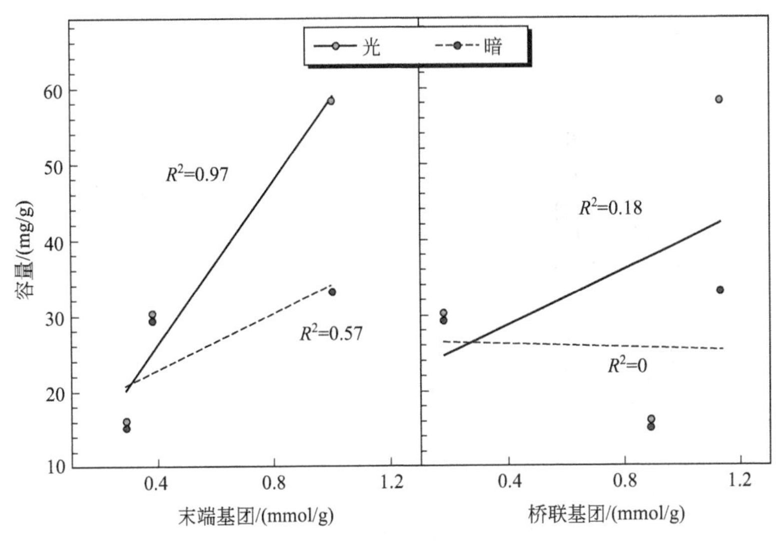

图 5.16　光照和黑暗条件下，吸附容量与末端基团（左）和桥联基团（右）的关系

进行 GC 分析。图 5.17 是初始样品和吸附后样品在光照 24h 后的热重（DTG）曲线。在初始 ZnSA 的 DTG 曲线上显示有三个峰。第一个位于 140℃，与去除物理吸附的水有关（失重 7.9%）；第二个位于 225℃，归因于去除了结合水分子（失重 8.9%）[15]。峰宽达 450℃的矮宽峰可归因于 $Zn(OH)_2$ 转变为 ZnO 失去了两个羟基(失重率 6.1%)[26]。后两种失重率总计达 15%，这与氢氧化锌转化为氧化锌的理论失重率（18%）极为吻合。结合 XRD 分析可以看出，这种微小的差异可能与含有少量氧化锌有关。ZnRA 的 DTG 曲线表现出类似的规律，但是所有峰的强度都相当低，总失重率仅为 3.9%。哪怕在 1000℃时，ZnO 都是热稳定的，因此，225℃和 450℃的峰归因于该样品中含有少量的氢氧化锌。这与 XRD 结果非常吻合。此外，弱吸附水分子相关峰的强度很低，表明该样品具有显著的疏水性。ZnO-C 的 DTG 曲线清楚地表明氧化物相的纯度很高，因为没有观察到与脱水或脱羟基有关的峰。这个样品的总失重率是 2.9%。

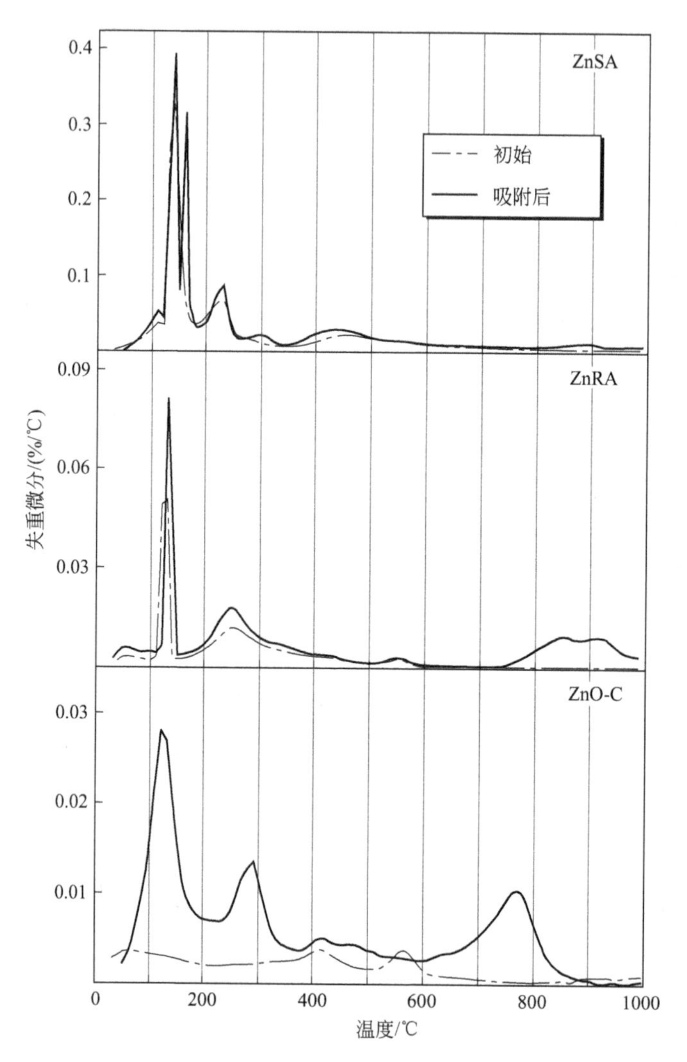

图 5.17 光照下氦气中初始和吸附后 ZnSA、ZnRA 和 ZnO-C 的 DTG 曲线

（转载自参考文献 [1]，版权 2017，获得 Elsevier 许可）

光照下暴露于 CEES 蒸气的样品的 DTG 曲线出现了三个新峰，分别位于 160℃、300℃以及高于 760℃。图 5.18（文后彩插）是热分析过程中脱附气的 m/z 热曲线图。表 5.1 列出了样品表面所检测到的化合物的名称、化学式、缩写和特征质荷比，并据此进行了表面反应产物的鉴定。饱和有机化合物如 CEES、HEES 或

EES（m/z：75，63，61，47，29）[27]和不饱和产物如 EVS（m/z：88，73，60，59，27）的 MS 热曲线显示出两个峰，分别在 160℃和 300℃时最大[28,29]。吸附分子在两个不同温度下所发生的分解反应表明，存在有两个能量不同的吸附位点。弱吸附分子的分解在较低温度（160℃）下发生，而强吸附分子的分解在 300℃下发生。峰的强度比较表明，ZnSA 的两个吸附位点都有利于吸附。在 750℃以上发生的失重可能与活性吸附时形成的 $ZnCl_2$ 物种的分解[30]和/或碳质相将氧化锌还原成 Zn（沸点 907℃）有关[31]。在热分析过程中可能会形成痕量的碳质相（有机化合物的炭化）。ZnSA 的总失重率为 28.3%，比初始样品的总失重率高 5.1%。这种差异与吸附量的结果相近（图 5.14）。

表 5.1　吸附剂表面上测得的化合物的详细信息

名称	分子式	缩写	特征质荷比(m/z)
2-氯乙基乙基硫醚	$CH_3CH_2SCH_2CH_2Cl$	CEES	75,63,61,47,29
2-羟乙基乙基硫醚	$CH_3CH_2SCH_2CH_2OH$	HEES	75,63,61,47,29
乙基乙烯基硫醚	$CH_3CH_2SCH{=}CH_2$	EVS	88,73,60,59,45,27
乙基硫醚	$CH_3CH_2SCH_2CH_3$	EES	75,63,61,47,29

初始和吸附后 ZnRA 的 DTG 曲线之间没有明显的差异。这三个新峰与上面讨论的 ZnSA 的峰位置相同。吸附后样品的失重率仅比初始样品的高 1.4%。ZnRA 的失重率较小，使得脱附气中 m/z 的检测受限。记录了吸附后 ZnO-C 的 m/z 热曲线，发现 DTG 曲线上的新峰与 ZnSA 的峰相匹配。唯一明显的区别是，饱和产物优先通过弱作用力吸附在表面，因为在低温条件下 m/z 热曲线峰值较大。暴露于 CEES 的 ZnO-C 的总失重率比初始样品大 2.5%。

ZnSA 样品在黑暗条件下脱附的 m/z 热曲线表明，仅有 CEES 分子的分解产物会强烈吸附在吸附剂表面。EVS 的 m/z 温度曲线没有出现任何峰，这表明由于 ZnSA 的光反应活性，光照会促进 CEES 脱卤化氢生成 EVS。ZnO-C 在黑暗条件下脱附的 m/z 热曲线显示出强度有限的与 EVS 有关的峰。

5.1.2.7 萃取物的分析

用乙腈作为溶剂萃取吸附在样品表面的物种。通过 GC-MS 和 MS-MS 分析提取物。对于所有暴露于光线下的样品，萃取物中检测到的主要化合物是 EVS。只有 ZnSA 上还检测到水解产物 2-羟乙基乙基硫醚（HEES）。这些强有力的证据表明，羟基在 CEES 的活性吸附中起关键作用。值得注意的是，对于所有测试材料，在萃取物中均未检测到亚砜或砜等氧化产物。文献中已经报道了具有不同氧化能力的多种金属氧化物的降解产物[32-34]。在我们的实验中，在黑暗条件下暴露于 CEES 蒸气的样品进行萃取所获得的萃取物中，检测到的 EVS 量有限。这支持了 TA-MS 分析中关于在活性吸附过程中涉及光催化反应，和/或关于由于暴露于光引起反应活性增强的结果。没有检测到其他产物，证明反应过程更容易生成 EVS，特别是在光照射下。

在所有吸附后的样品中发现了少量的 CEES 痕迹。TA-MS 分析证明了存在 CEES，而在萃取物中未能分析出 CEES，这表明因为存在表面强吸附作用，即使乙腈也无法有效地从材料中萃取 CEES。

5.1.2.8 吸附机理

计算出的带隙值可用于推测某材料是否可以用作光催化剂（Pc）。氧化锌在可见光下具有光活性是众所周知的[21,24,35-37]。正如预期的那样，由于活性中心高度分散、表面上存在末端 OH 基，因此，具有最高孔体积的 ZnSA 也具有最佳吸附性能。所获得的结果表明，末端 OH 基在吸附程度和 CEES 转化程度上起关键作用。

光子的吸收导致光催化剂的激发（Pc^*）：

$$Pc + h\nu \longrightarrow Pc^* \tag{1}$$

光催化剂的激发态表面使用这个能量进行主要的光催化反应。因此，被吸附后（很可能是通过氢键）[38]，CEES通过光致电子转移（PET）反应转化为乙基乙基锍（EES）阳离子[29,39]：

$$Pc^* + CEES \longrightarrow Pc^- + EES^+ \tag{2}$$

据报道，一旦EES^+形成，它可以通过分子间环化过程转化为环状阳离子[29,40-43]。之后，来自阳离子的不稳定氢转移到氧化锌相中带负电荷的晶格氧上，充当Lewis碱[44,45]。这个过程通过一个双分子消除（E2）途径进行，导致形成脱卤化氢乙烯产物EVS[33,46]。同时，氯离子在表面与锌原子反应生成$ZnCl_2$。Zafrani及其同事报道，无水HD在Al_2O_3上的主要降解产物是VVS[47]。在我们的研究中，仅在CEES暴露于光线中后，才在ZnSA和ZnRA样品上检测到EVS。

当羟基和/或物理吸附水分子存在时，CEES可以通过OH^-基取代Cl^-进行转化[42]。已有文献报道了水对CaO的关键作用[48]。吸收光子激发$Zn(OH)_2$的电子从价态到导带。形成的空穴与氢氧化锌相中与羟基相关的水反应，形成羟基自由基[49]。电子/空穴对使$S\text{-}CH_2CH_2Cl$不稳定并转化为过渡态自由基，再与作为亲核试剂的羟基反应，生成水解产物HEES[33]。它可能通过物理作用（比如氢键）保留在催化剂表面上。由于水、光以及羟基自由基的形成对于这一过程至关重要，仅在暴露于光线下的ZnSA样品上有HEES形成并被检测到。其他研究也表明，末端基团通过形成羟基自由基参与光化学反应，从而增强CEES[44]或H_2S[49]等硫化物的去除。速率控制步骤是阳离子转化为HEES，其可通过光提高反应速率[41,42]。Martyanov和他的合作者在针对TiO_2的研究方面也提出了同样的路径[32]，而Singh和合作者研究了氧化钒[14]，提出大量的水和孤立羟基对HEES的形成有贡献。此外，Zafrani报道说，Al_2O_3上在水存在的情况下，HD会降解成硫二甘醇而不是二乙烯基硫醚[47]。在我们的研究中，光照下羟基和与之相关的水在ZnSA上形成HEES。值得一提的是，在我们的材料上获得的两种降解产物的毒性比使用的CWA模拟剂毒性小得多。基于获得的结果，我们提出了材料表面反应途径的示意图（图5.19）。

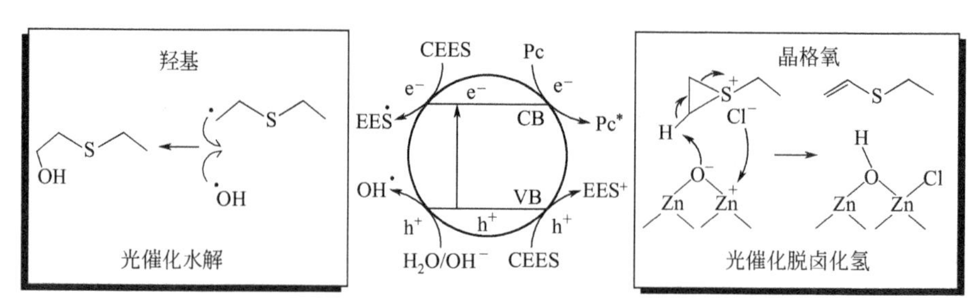

图5.19 可见光下CEES活性吸附的反应示意图

（转载自参考文献[1]，版权2017，获得Elsevier许可）

5.1.2.9 结论

本节结果表明，将沉淀剂（NaOH）加入氯化锌溶液的速率会导致材料具有完全不同的物理化学性质。缓慢的滴速导致形成斜方晶$Zn(OH)_2$颗粒，而快速滴加则形成花状ZnO纳米颗粒。前者比后者显示出更高的：

① 末端羟基数量，多249%；

② 桥氧基数量，多27%；

③ 表面积，多347%；

④ 总孔体积，多832%；

⑤ 带隙宽度，大6%；

⑥ 吸附性能，光照条件下大263%；

⑦ 吸附性能，黑暗条件下大120%。

ZnSA暴露于CEES后，在环境光下测得的质量增加量几乎是在黑暗条件下的两倍，显示出其具有光反应活性。由于具有更宽的能带隙，ZnSA在光照下表现出明显更大的光反应活性和吸附性能。吸附性能与化学和结构参数的相关性表明末端羟基是最重要的。这些基团参与发生在表面上的水解反应，从而增强样品的消毒能力。还发现表面积也发挥了关键作用，可以通过提高活性位点的分散程度来增加其与有机分子的接触。

当在光照下进行吸附测试时，所有材料的主要降解产物为乙基乙烯基硫醚。对于 ZnSA 样品，检测到的 EVS 浓度最高，在萃取液中也检测到羟乙基乙基硫醚（HEES）。这也说明 ZnSA 具有较强的光活性。CEES 的降解由光子的激发引发，促进环乙基乙基硫醚阳离子中间体的形成和羟基自由基的形成。当在黑暗中进行吸附测试时，检测到的 EVS 量显著降低，并且在萃取液中未检测到 HEES。

5.1.3　$Zn(OH)_2$/GO 复合材料中的 GO 相对光催化吸附反应程度的影响

5.1.3.1　引言和材料

这项研究的目的是评估添加 GO 对吸附剂的结构和化学特性以及对活性吸附程度的影响。另一个目标是确定 GO 的最佳用量，从而可以提高其作为吸附剂和催化剂的性能。纯的氢氧化锌被称为 ZnOH，复合物被称为 ZnGO1、ZnGO5、ZnG10 和 ZnGO20，其中数字表示 GO 与材料总质量的百分比。最后，由于 24h 暴露是随机选择的，因此吸附试验的暴露时间延长至每个样品获得最大吸附质量。所有的吸附测试都是在环境条件下进行的。

5.1.3.2　结构和形貌表征

为了确定 GO 的添加是否改变了氢氧化锌结构的形成过程，利用粉末 XRD 分析合成的复合材料（见图 5.20）。ZnOH 的衍射图显示氢氧化锌为主要晶相。也存在痕量氧化锌。这一结果与前一小节的X射线衍射图一致，尽管在本研究中使用了不同批次的材料。有趣的是，复合材料的衍射图清楚地表明，ε-$Zn(OH)_2$是唯一的晶相，因为没有检测到与ZnO或杂质有关的衍射。经检索，这些衍射峰为斜方晶系 wülfingite（JCPDS 38-0385）[5]。在10.2（2θ）附近缺少对应于GO的d_{002}的特征峰，表明其在复合物形成期间发生了剥离。对于ZnOH，平均晶粒尺寸估算为约49.2nm，而对于复合材料，发现5%、10%和20%GO的值分别为35nm、39nm和43nm。

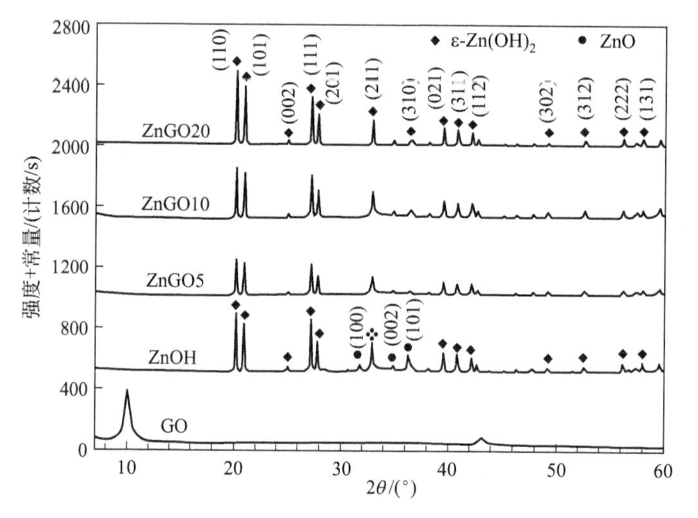

图5.20 GO和初始样品的X射线衍射图谱

（转载自参考文献[2]，版权2017，获得Elsevier许可）

在ZnOH的SEM图像上可以看到具有微米尺寸的双金字塔形ε-$Zn(OH)_2$颗粒［图5.21(a)］。也可以看到少量具有微米尺寸的片状氧化锌颗粒。添加GO后，颗粒形貌发生了显著变化，尤其是GO含量较高的复合材料。在ZnGO5中，几十纳米的双锥形颗粒连接着$Zn(OH)_2$［图5.21(b)］，包围着氧化石墨片，形成了具有高表面粗糙度的网状网络[16,49]。GO量的进一步增加导致GO片周围的无机相的分散性增高，ZnGO10［图5.21(c)］和ZnGO20

(a)

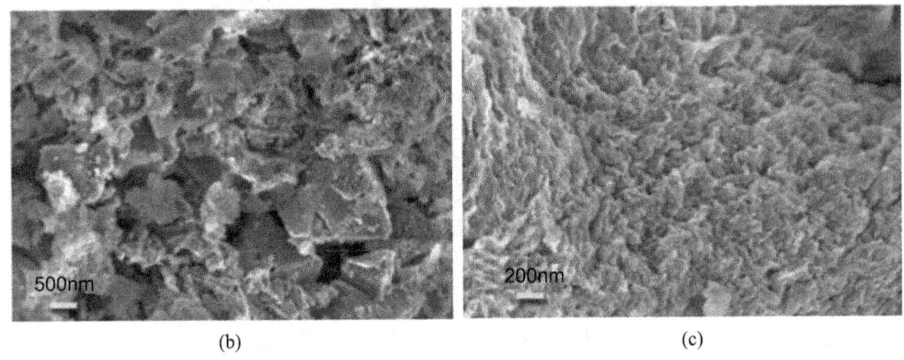

(b) (c)

图 5.21 ZnOH(a)、ZnGO5(b) 和 ZnGO10(c) 的 SEM 图像

(转载自参考文献 [2]，版权 2017，获得 Elsevier 许可)

都无法检测到双锥体粒子。

之前已经证明孔隙率和比表面积是吸附剂性能的关键因素，尤其是对于物理吸附，因此，测量了所有样品的氮气吸附等温线。由这些等温线计算得到的孔结构参数列于图 5.22 中。所采用的合成方法使得复合材料的比表面积和总孔体积提高，并具有显著的结构异质性。与 ZnOH 相比，ZnGO5 的比表面积和总孔体积分别略微下降 4%和 21%。ZnGO10 获得了最高的孔结构参数值。与相应的 ZnOH 结构参数相比，比表面积增加 43%，而总孔体积表现出更高的增加量（67%）。GO 量的进一步增加导致孔隙率降低。这可能与氢氧化锌相的生长空间受限有关。10%的 GO 是最佳的添加量，可以形成最明显的孔隙率。

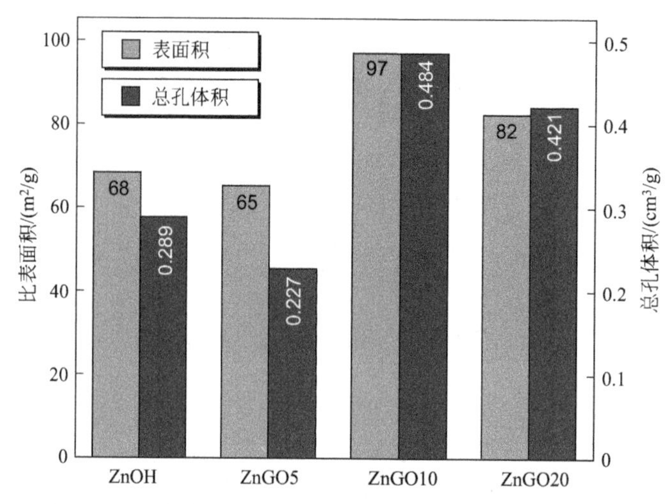

图 5.22 由氮气吸附等温线计算得到的孔结构参数

（转载自参考文献 [2]，版权 2017，获得 Elsevier 许可）

5.1.3.3 表面化学分析

通过电位滴定法分析了样品的表面化学性质（图 5.23）。添加 5% GO 可稍微改变表面含氧基团的量和分布。另一方面，提高 GO 的添加量会导致末端羟基量的显著增加，而桥联基团显著减少。ZnGO10 具有最高量的末端基团量（与 ZnOH 相比增加 22%），同时桥联基团量减少 79%。与 ZnGO10 相比，ZnGO20 末端羟基量少量增加，而桥联基团量基本相等。

ZnOH、ZnGO5、ZnGO10 和 ZnGO20 的末端基团与桥联基团的比率分别为 0.8、1.4、5.0 和 5.6。可以看出，加入碳质相导致氢氧化锌的分散和非晶程度增加，而 10% 和 20% 的 GO 添加量导致末端基团与桥联基团的比率最高。

5.1.3.4 吸附性能和最佳 GO 添加量

预计活性吸附将受到结构和化学表面特征改变的影响。第一个目标是确定碳质相的加入是否会提高吸附剂在 24h 后的吸附量。在

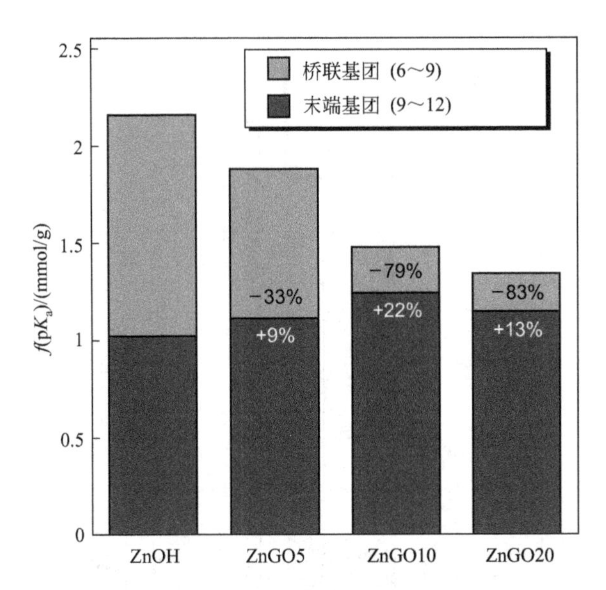

图 5.23 采用电位滴定实验测得的末端和桥联含氧基团量

（转载自参考文献［2］，版权 2017，获得 Elsevier 许可）

环境光线（L1）和太阳光模拟器（SL1）下进行测试以评估光强的作用。为了比较，也在黑暗中开展了测试。图 5.24 中展示了以每克吸附剂质量的增加量（mg）表示的容量。

有趣的是，检测到两种不同光源之间没有区别，表明光照密度不起作用。为了再次检查光照密度是否能够改变吸附性能，进一步用太阳模拟器进行了不同光密度的定性试验。在所有情况下，没有观察到差异。事实上，所有样品在黑暗中的质量增加都比在光照下测得的小 2/3，这表明即使在环境光下，复合材料也具有光活性。此外，在可见光下比在黑暗中有更好的吸附性能，表明光在提高 CEES 和/或其降解产物在表面上吸附过程的相关作用。复合材料的这种效应比 $Zn(OH)_2$ 的更明显。

无论是在光照或黑暗条件下，碳质相的添加使得所有的复合材料在暴露 1 天后的质量增加量相比 ZnOH 的大。在这一点上值得一提的是，对于 GO 来说，在所有条件下的质量增加量都可以忽略

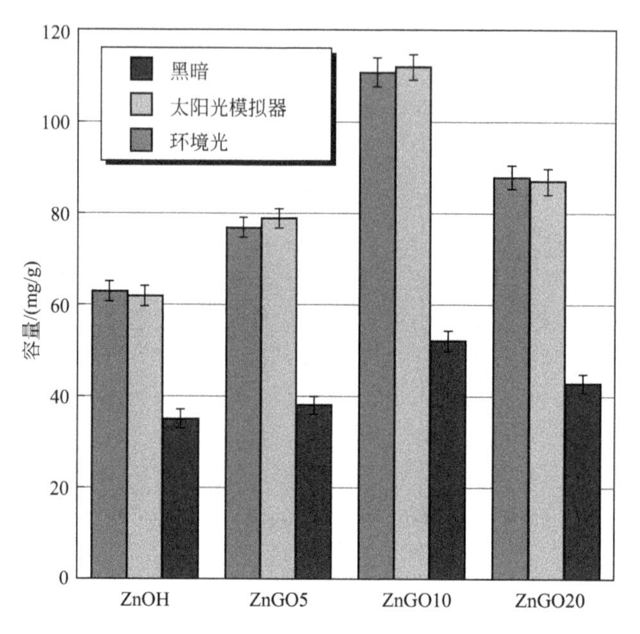

图 5.24 不同条件下（环境可见光、太阳光模拟器、黑暗中）暴露 24h 后测得的吸附容量

不计。在环境光条件下，ZnGO10 的质量增加量是最高的（比 ZnOH 高 81%）。在黑暗条件下测得的这种质量增加量相对没那么明显（+49%）。在 ZnGO5 上，发现 GO 对吸附性能影响最小（与 ZnOH 相比，在光照条件下为 27%，在黑暗条条件下为 9%）。另一方面，与 ZnOH 相比，ZnGO20 的质量增加量明显较高，但与 ZnGO10 相比，环境光条件下的容量下降了 22%，黑暗条件下的容量下降了 17%。结果证实，洗消性能最佳的复合材料中，GO 的添加量为复合材料总质量的 10%。

5.1.3.5 结构参数的作用

为了阐明材料的孔隙率在吸附反应过程中的作用，分析了质量增加量与比表面积（S_{BET}）或总孔体积之间的关系（图 5.25）。样品在黑暗条件下暴露于 CEES 时，比表面积起了一定作用，因为所获得的相关系数为0.93。这表明在黑暗条件下，CEES分子主要通过物理吸附保留在表面上，并且降解量有限。另一方面，在光照情况下没有发现相关性。这表明光的存在促进了其他的吸附/降解途径。无法建立容量与总孔体积之间的相关关系。

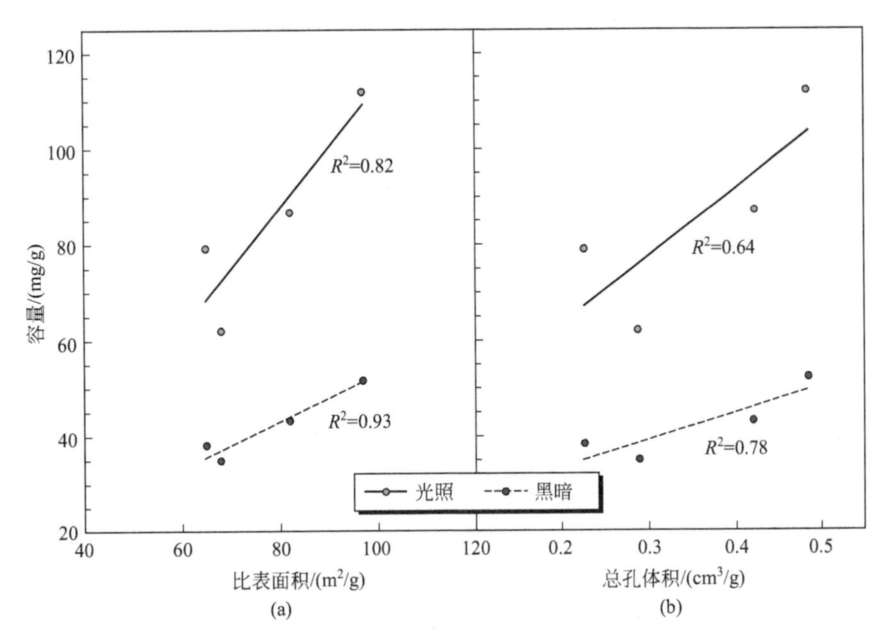

图5.25　光照条件下和黑暗条件下吸附容量（24h后）与比表面积（a）和总孔体积（b）之间的关系

5.1.3.6　表面化学的作用

质量增加量与末端—OH基（S_{BET}）或桥联基团数量之间的相关性呈线性趋势，相关系数分别为0.99和0.94（图5.26）。可见光条件下具有较强的相关性，表明羟基在这些样品的光活性中起关键作用。没有发现质量增加量与桥联基团数量之间的相关性。Zn-GO10表现出最大的比表面积和最高数量的末端羟基。这两个因素当然对提高该材料的CEES吸附性能起到关键作用，并且它们彼此相关联，因为发达的比表面积促进了活性吸附中心/末端OH基团

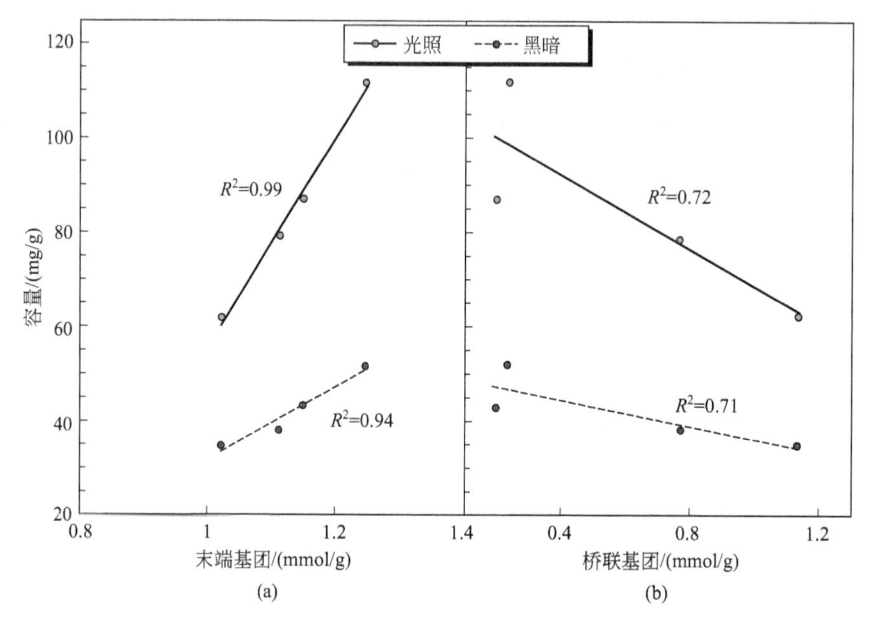

图 5.26　光照下和黑暗中，吸附量（24h 后）与末端羟基（a）和桥联基团（b）数量之间的关系

的分散性。

5.1.3.7　动力学和最大消毒性能研究

我们不能忽略 CEES 与在吸附剂表面上缓慢反应形成产物的时长大于 24h 的可能性，因为这一吸附/反应过程的持续时间是随意选择的。而且，这些材料可以作为光催化剂，降解被吸附的 CEES。由于这些原因，开展了长达 9 天的吸附测试实验，以便考察由吸附动力学和降解性能决定的过程的程度。记录了样品暴露于不同时间段（最多 9 天）的质量增加量。这些测试是在环境光照射条件下进行的，因为使用太阳光模拟器也不会改变吸附量。针对 ZnOH 和 ZnGO10 展开了深入讨论，因为后者是性能最好的复合材料，而选择 ZnOH 是为了作对比。

所记录的质量增加量如图 5.27 所示。有趣的是，两种样品的质量增加量均一直持续到第8天。吸附容量与暴露时间的关系直到第6天都呈线性趋势，ZnGO10的相关系数为0.998，ZnOH的相关系数为0.991。在第7天获得的质量增加量达到与样品初始质量(20mg)几乎相等的值。这表明最初注入的CEES中，有一半以上转移到了吸附剂表面。在到达第6天以前，复合材料的吸附量均高于ZnOH，这可能是因为其活性位点的分散性较高，从而促使降解反应活性较高。

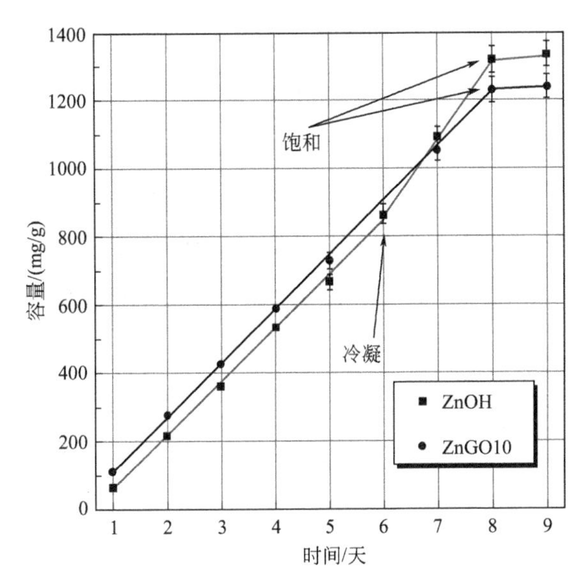

图5.27　可见光条件下长达9天的质量测量值。直线斜率的改变表明吸附剂表面发生了化学/物理变化（表面上吸附剂的冷凝和饱和）

（转载自参考文献[2]，版权2017，获得Elsevier许可）

直到第6天，吸附容量都符合Lagergren伪一级动力学模型的线性化积分形式。$\ln(q_e-q_t)$（q_e是记录的最大吸附容量，q_t是在特定时间吸附的量）对时间的曲线显示出较高的线性相关系数R^2（ZnGO10为0.981，ZnOH为0.968）。伪一级模型[50]表明吸附速率是恒定的，不受材料数量的影响。

氢氧化锌的质量增长量在相互作用7天后超过了复合材料。在

ZnOH 样品表面形成一个液膜，其可能与 CEES 或其吸附反应产物的冷凝有关系。材料的颜色从白色变为黄色。此外，样品开始看起来像凝胶而不是固体物质，并且其质量增加速率变大。到第 9 天，随着浓缩蒸气在样品表面的饱和，其质量不再增加（记录的质量没有变化）。由于样品表面上的液体层会改变表面的性质，因此这种凝结可能导致反应性能的变化。吸附速率表明，在材料样品被反应物吸附饱和之前充当着催化剂的作用。对于 ZnGO10，达到饱和所需的时间比 ZnOH 长，蒸气凝结过程开始于第 8 天。这种表面凝结过程的延迟现象可能与复合物相比 ZnOH 具有更高的催化活性、孔隙率和/或更高的末端羟基数有关。

值得一提的是，在第 9 天记录的 ZnOH 和 ZnGO10 的最大质量增加量分别为 1339mg/g 和 1236mg/g。吸附在 ZnOH 和 ZnGO10 表面上的量分别为初始注入的 CEES 总体积的 63％和 58％。如果所有注入的 CEES 完全蒸发，则最大可能容量将是 2120mg/g（假设全部 CEES 均截留在表面上）。由于容器中没有残留液体 CEES，从理论最大容量和记录值之间的差异可以推测，未反应的 CEES 及其降解产物依然留存于容器内的空气中。

5.1.3.8 吸附后样品的表面化学分析

分析了初始和吸附后样品的 FTIR 光谱，以确定暴露后沉积在吸附剂表面上的物种。图 5.28 是初始 ZnOH 和 ZnGO 的光谱以及在光照条件下暴露于 CEES 蒸气 7 天后样品的光谱比较图。在初始 ZnOH 光谱中，715cm^{-1}和 900cm^{-1}处的峰与 OH 基的面外弯曲和振动模式有关系，而在 830cm^{-1}、1040cm^{-1}和 1090cm^{-1}处观察到的峰则分别归因于—OH 基团的变形振动、Zn—OH 弯曲和—OH 扭转振动。在 1390cm^{-1}处的峰及在 1360cm^{-1}处的肩带，和在 3450cm^{-1}处的峰归因于与 Zn(Ⅱ) 离子配位的 OH 基团的振动，而在 1500cm^{-1}和 3240cm^{-1}处的峰归因于水的羟基。在 ZnGO 的

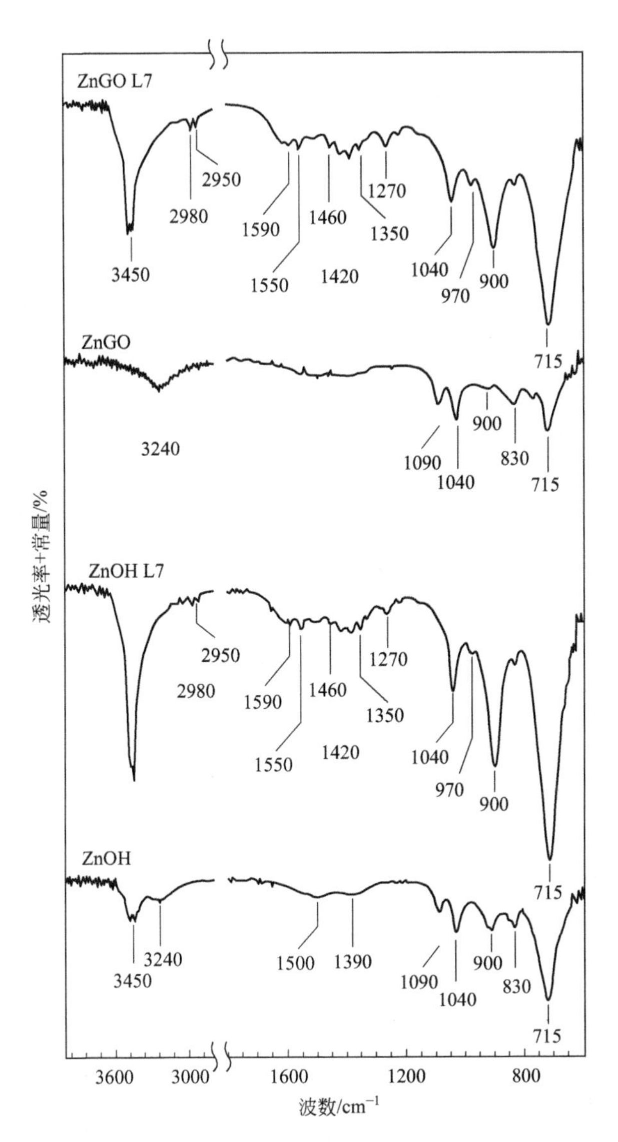

图 5.28　初始的和在 CEES 中暴露 7 天后（L7）ZnOH 以及复合物样品的 FTIR 谱图

（转载自参考文献［2］，版权 2017，获得 Elsevier 许可）

光谱中可观察到与 ZnOH 类似的谱带，但羟基的面外弯曲和振动模式强度较低。620～660cm^{-1}区域的弱谱带与碳质相的 C—C 和 C—H 键的振动相关。没有检测到与氧化石墨（GO）的环氧基和羧基的 C ═O 和 C—O 键相关的谱带[51,52]。这些实验现象表明这些氧官能团参与了无机相的键的形成过程。

对于吸附后的样品，在谱图的各个区域出现了新的谱带组。表 5.2 详细列出了生成的产物和用于测定这些产物的振动频率。对于吸附后的样品，$1720cm^{-1}$以下的光谱区域包含脂肪族 CH_x 单独或与杂原子（氯或硫）键合的拉伸和变形振动模式的复杂重叠。由于表面吸附了 CEES 分子，在 $2976cm^{-1}$、$2886cm^{-1}$、$1453cm^{-1}$和 $1267cm^{-1}$处的特征谱带可以归因于—CH_2Cl[33]。来自乙烯基（C ═CH_2）的单取代烯烃（在 $2976cm^{-1}$、$1613cm^{-1}$、$1550cm^{-1}$、$1593cm^{-1}$和 $900cm^{-1}$处）的 C ═C 和 C—H 键的伸缩振动的特征谱带[53]表明，存在诸如乙基乙烯基硫醚（EVS）、乙烯基乙烯基硫醚（VVS）和甲基乙烯基硫醚（MVS）的脱卤化氢乙烯基产物。在 $900cm^{-1}$和 $715cm^{-1}$处的谱带显示出显著的强度增加，与二取代的 C—H 的振动相关。

表 5.2　暴露于 CEES 后的 ZnOH 和 ZnGO10 的 FTIR 谱图谱带归属

频率/cm^{-1}	振动模式	归属	参考文献
3450	ν(O—H)	(—CH_2OH)	[38,58]
2976	$\nu(CH_2)_{as}$,$\nu(CH_2Cl)_{as}$,	(—C_2H_3),(—CH_2Cl)	[33,58]
2932	$\nu(CH_3)_{as}$,$\nu(CH_2S)_{as}$,	—(C_2H_4),(—CH_2S)	[33,58]
2886	$\nu(CH_2)_s$,$\nu(CH_2Cl)_s$,$\nu(CH_2S)_s$,	(—CH_2S),(—CH_2Cl)	[33,58]
1613	ν(C ═C)	(—CH ═CH_2)	[53,59]
1453	$\delta(CH_3)_{as}$弯曲,$\delta(CH_2)_s$	(—S—CH_3)	[33,46,58]
1422	$\delta(CH_2)_{as}$剪式	(—CH_2—S—)或(—C_2H_3)	[33,58]
1383	$\delta(CH_3)_s$ 弯曲	(—S—CH_3)	[33,58]
1267	$\delta(CH_3Cl)_{wag}$,$\delta(OH)^b$	(—CH_2Cl),(—CH_2OH)	[33,58]
1215	$\delta(CH_2S)_{wag}$	(—CH_2—S—)	[33]
970	$\delta(CH_2)_{wag}$	(═C—H)	[33]

发现吸附后样品在 $3600cm^{-1}$和 $3200cm^{-1}$之间的谱带强度急

剧增加。这个宽峰归属于羟基伸缩模式[54]，并可归于2-羟乙基乙基硫醚（HEES）、H_2O 的形成，或者也可以归于与表面 Zn—OH 基团键合的氢键。氯和硫原子都可以作为潜在的氢键受体位点。类似的，由于氢键分子导致的光谱变化，已被报道用于 TiO_2 上 CEES 的光催化氧化[55]。此外，1422cm^{-1} 和 1267cm^{-1} 处的峰可归于—CH_2OH 基团中—OH 的变形振动[33,56,57]。在醛和酮的区域（1780～1650cm^{-1}）缺少与 C＝O 伸缩振动相关的峰，表明表面上没有形成羧酸、酯或酮[33,56,57]。也未检测到与硫酸盐基团相关的峰。总之，使用后的样品的 FTIR 谱图分析表明，其表面上有 CEES、HEES 和乙烯类产品的存在。

5.1.3.9 表面残留反应产物的鉴定

对萃取物进行热分析和 MS-MS 分析，以进一步测定在表面相互作用反应过程中形成降解产物的性质。在这个阶段，为了便于讨论，引入特征质荷比（m/z），并基于其进行化合物的鉴定。表 5.3 列出了表面和顶空测得化合物的名称，以及它们的命名、化学式、缩写和检测方法。

表 5.3 表面和顶空测得化合物的详细信息

（转载自参考文献 [1，61]，版权 2017，获得 Elsevier 许可）

名称	分子式	缩写	鉴定依据	特征质荷比（m/z）
2-氯乙基乙基硫醚	$CH_3CH_2SCH_2CH_2Cl$	CEES	TA-MS，GC-MS，MS-MS	124，109，89，75，61，47
乙基乙烯基硫醚	$CH_3CH_2SCH=CH_2$	EVS	TA-MS，GC-MS，MS-MS	88，73，60，59，45
2-羟乙基乙基硫醚	$CH_3CH_2SCH_2CH_2OH$	HEES	TA-MS，MS-MS	106，75，61，47
乙烯基乙烯基硫醚	$CH_2=CHSCH=CH_2$	VVS	TA-MS，GC-MS	86，85，71，59，41，40
甲基乙烯基硫醚	$CH_2=CHSCH_3$	MVS	TA-MS，GC-MS	74，59，47，44，40

图 5.29 为在氦气气氛中测得的热重（TA）和差热（DTG）

曲线。对于初始的 ZnOH，在前一小节中分析了 DTG 曲线。对于 ZnGO，DTG 曲线在 130℃和 170℃之间的强峰可以归于去除物理吸附水分子或结构水分子，而归属于 $Zn(OH)_2$ 相脱水的峰位于 215℃，并与 GO 分解的强峰重叠。在 450℃左右的肩峰可归因于 $Zn(OH)_2$ 完全脱羟化[60]。800℃以上的额外宽峰归因于碳质相将形成的氧化锌还原成 Zn（沸点 907℃）[30]。

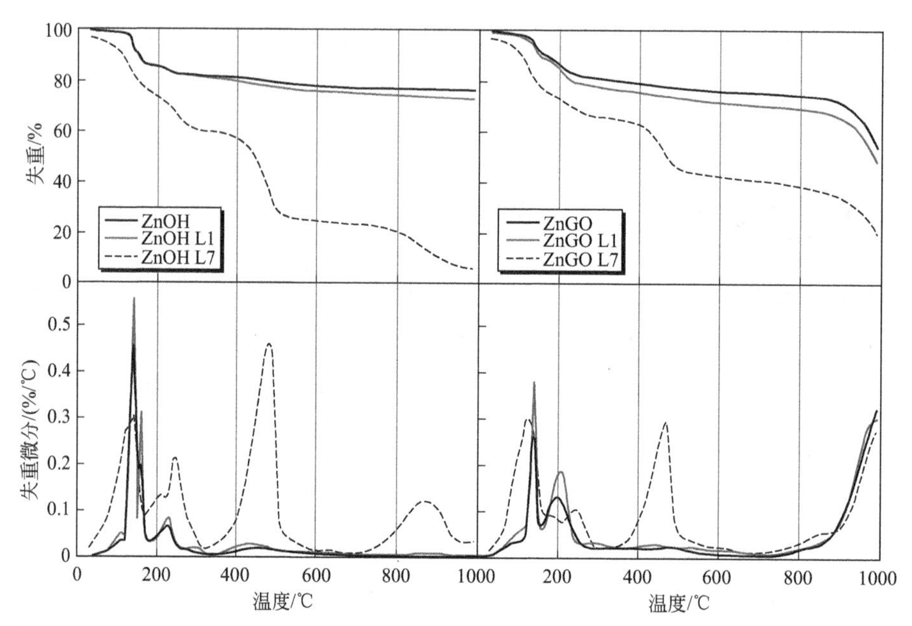

图 5.29　可见光条件下，初始的以及暴露于 CEES 蒸气 1 天后（L1）和 7 天后（L7）的 ZnOH 和 ZnGO10 的 TA 和 DTG 曲线

（转载自参考文献［2］，版权 2017，获得 Elsevier 许可）

对于暴露于 CEES 蒸气 7 天后的两个样品，170℃时的失重率最高，这与热力学去除水分子和大量沸点低于 CEES 的降解产物有关，如 MVS（沸点 86℃）、VVS（沸点 78～92℃）和 EVS（沸点 92～97℃）[30]。物理吸附的 CEES 和 HEES 的沸点分别为 156℃和 184℃[30]，当温度约为 210℃时，可将它们从孔中除去。此外，两种样品在 460℃都出现了新的峰，这可以归因于 $ZnCl_2$、ZnS 和 Zn-

SO_4 这些新的表面产物的分解[60]。热分析后样品的颜色变化可以证明存在有新的含硫产物。在 TA 分析之前，暴露 7 天后的 ZnGO 样品呈灰色，但之后变为黄色［图 5.30(a)，(b)］。在热分析之前，ZnOHL7 是亮白色的，之后变成淡黄色。对于后一样品，可以观察到质量在热分析后有明显的损失［图 5.30(c)，(d)］。

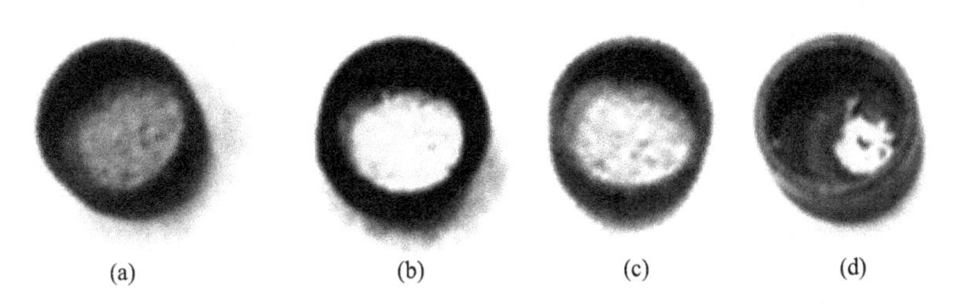

图 5.30 TA 分析前（a）和后（b）的 ZnGO10L7 复合物样品。作为对比，TA 分析前（c）和后（d）的 ZnOHL7 样品

（转载自参考文献［2］，版权 2017，获得 Elsevier 许可）

为了进一步分析在暴露于 CEES 期间由于相互作用/分解而形成的并保留在表面上的化合物，利用 MS-MS 检测了吸附后样品的萃取物。两种样品检测到的化合物均为 EVS、HEES 和 CEES。没有发现 VVS、MVS 或任何氧化产物（二乙基亚砜、二乙基砜或二乙基砜）的痕迹。这并不排除后者在顶空中以未吸附形式存在。

5.1.3.10 顶空中挥发性产物的鉴定

虽然质量增加量和对吸附后样品的详细分析对于帮助评价单纯的吸附性能很重要，但它们不能提供足够的信息来全面了解光催化活性。上述结果表明，吸附过程包括 CEES 蒸气的光降解，同时还伴随着生成的化合物以及未降解 CEES 的化学和/或物理吸附过程。在吸附过程中形成的许多产物可能不会保留在表面上，特别是如果它们具有高挥发性。

因此，顶空分析提供了额外的信息，这有助于确定活性吸附途径。使用 GC-MS 对顶空中的挥发性化合物进行了定性和半定量鉴定。

色谱分析表明，封闭反应容器顶空中 CEES 的量随着暴露时间逐渐减少。除了 CEES 外，检测到的化合物还有 EVS、VVS 和 MVS。有趣的是，用乙腈萃取吸附剂表面获得的萃取液中未检测到后两种化合物。图 5.31 显示了暴露 6 天后的 ZnGO10 和 ZnOH 的色谱图对比。仅提供吸附 6 天后的色谱图是因为，如前所述，7 天后蒸气开始在 ZnOH 表面凝结。对于复合材料，与 CEES 光降解有关的峰强度较高，而未反应的 CEES 峰强度较低（保留时间为 5.1min)。在样品暴露于 CEES 的所有时间段内都发现了类似的趋势。复合材料显示出增强的光催化性能，可归因于添加 GO 后表面和化学不均匀性的改变。发达的孔隙率、羟基数量的增加和高分散性起着关键作用。

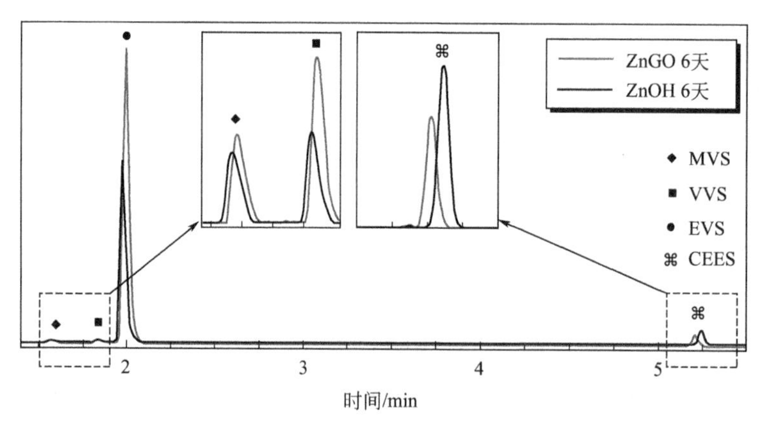

图 5.31 ZnOH 和 ZnGO10 暴露于 CEES 6 天后顶空的色谱图

（转载自参考文献［2］，版权 2017，获得 Elsevier 许可）

色谱图的分析表明 CEES 的降解主要通过脱卤化氢进行，因为最强的峰是 EVS。这与 MS-MS 分析萃取物的结果非常吻合。顶空分析中 HEES 的缺失可能是由于其高沸点（180～184℃）和/或可能与表面位点形成氢键。这可能会导致它牢固保留在表面上。

对于 ZnGO10，通过分析 9 天来色谱图变化以及顶空中每种测得化合物的峰面积来监测吸附过程，如图 5.32 和图 5.33 所示。1 天之后，只有与 CEES 相关的峰值可见，没有其他峰，表明：形成的产物吸附保留在吸附剂的表面和/或孔道中。事实上，在暴露 1 天后样品的萃取物中检测到了 EVS 和 HEES。从 CEES 的信号强度逐渐降低以及 EVS、VVS 和 MVS 的信号增加，可以清楚地观察到 CEES 持续到第 6 天的光催化转换。在第 6 天之后，与形成降解产物相关峰的强度下降的趋势可能是由于样品在表面上蒸气凝

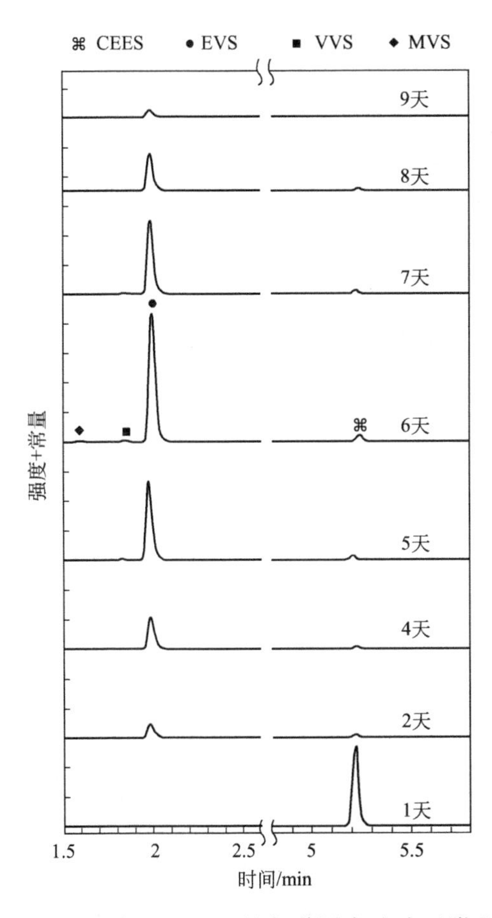

图 5.32　监测 9 天来 ZnGO10 的色谱图来追踪吸附和反应过程

（转载自参考文献 [2]，版权 2017，获得 Elsevier 许可）

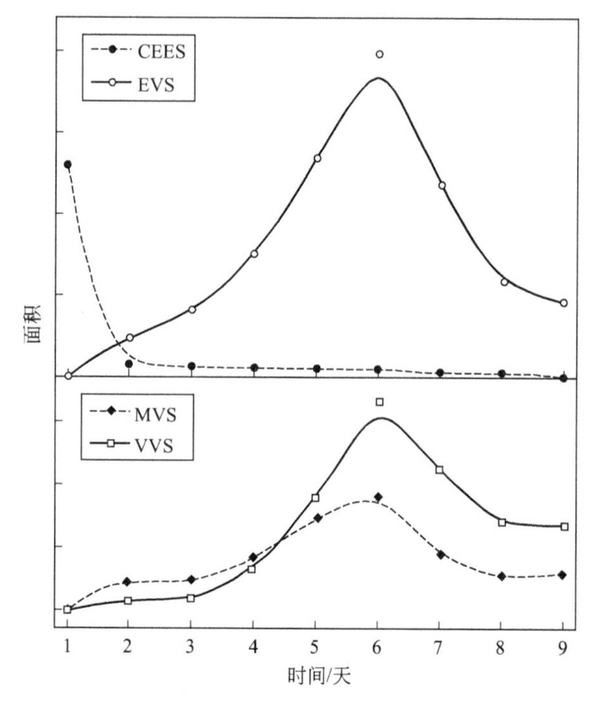

图 5.33 不同化合物的色谱峰面积（顶空分析）与 ZnGO10 不同暴露时间之间的关系

（转载自参考文献［2］，版权 2017，获得 Elsevier 许可）

结。这进一步支持了样品充当光催化剂的结论，直到其表面被 CEES 和/或生成的化合物饱和。

必须提到的是，8 天后，ZnGO10 反应容器中的 CEES 液体完全蒸发，而暴露 9 天后，在顶空分析中未检测到 CEES。这两个事实表明，初始注入的 CEES 完全保留在样品表面或被降解。

考虑到 ZnGO10 使用后的最大质量增加量（1236mg/g）和 CEES 的密度（d_{CEES}＝1.06g/mL），9 天后在表面上保留或分解的模拟剂的量（质量分数）为 58％。因此，剩下的 42％完全分解。值得注意的是，我们的复合材料具有超过其自身质量两倍的 CEES 消毒能力。另一方面，ZnOH 并没有对所有 CEES 消毒，因为在暴露 9 天后的顶空分析中，仍然检测到 CEES，而液体 CEES 也没有完全蒸发。尽管 ZnOH 的质量增加量高于 ZnGO10，但其蒸气消毒性能并不太明显。影响这种性能的主要因素可能是，CEES 在表面上冷凝，限制了表面活性位点与蒸气的相互作用。在光照或黑暗条件下对纯 GO 进行了长达 9 天的吸附测试，对顶空及吸附后材料的萃取物的分析显示没有任何降解产物生成。

5.1.3.11　消毒和吸附机理

在前面的章节中已经详细地探讨和分析了 CEES 在 $Zn(OH)_2$ 和 ZnO 上暴露 24h 降解为毒性较低的 EVS 和 HEES 的途径。简而言之，脱卤化氢乙烯消毒产物 EVS 通过双分子消除（E2）途径进行。吸附的 CEES 转化为乙基乙基锍阳离子。然后，通过分子间环化过程，其转化为瞬态环状阳离子中间体。氢氧化锌相带负电荷的晶格氧起着路易斯碱的作用，并接受来自阳离子的不稳定氢。同时，Zn 原子与生成的 Cl^- 反应形成氯化锌。该途径通过材料的光激发来促进。通过吸收光子，电子从价态激发到氢氧化锌相的导带，形成电子-空穴对。形成的电子/空穴对导致羟基自由基的形成[32]，并同时形成来自 CEES 不稳定态的瞬态自由基。该瞬态自由基可以与羟基自由基反应，形成 HEES，或者可以参与 C—S 和/或 C—C 键的断裂反应。瞬态自由基也可以由所生成的 EVS 的不稳定态形成。

除了封闭系统中 CEES 蒸气完全消毒之外，采用我们的复合材料开展 CEES 活性吸附的独特发现是在顶空中检测到了 MVS 和 VVS。表面的高光反应活性，促进了所生成的 EVS 的其他自由基反应，从而促进了这些化合物的形成。复合材料的表面表现出对 CEES 光分解的高效率，并且 GO 似乎由于其导电性而增加了电子转移的效率。

自由基反应对 VVS、MVS、EVS 和 HEES 催化生成的贡献值得更多关注。价带中的光生空穴、导带上的光生电子以及羟基自由基，通过按照图 5.34（1，2 和 3）所示的反应路径进攻形成的 EVS，在 CEES 的光化学破坏过程中起着关键作用。在吸附过程中水的存在是一个恒定的羟基阴离子来源，当羟基阴离子与形成的空穴反应时，被转化为羟基自由基（图 5.34，反应 8）。H_2O 也可能凝结在表面上，形成一个含有增加的自由基群的超薄层。这可以通过 ZnGO10 暴露 8 天后和 ZnOH 暴露 7 天后观察到吸附剂呈现类似于凝胶状态来解释。此外，可以通过吸附后材料的 FTIR 光谱上强烈的谱带（图 5.28），以及热分析中在低于 100℃下观察到的明显的失重（图 5.29）来确认表面水分的形成。

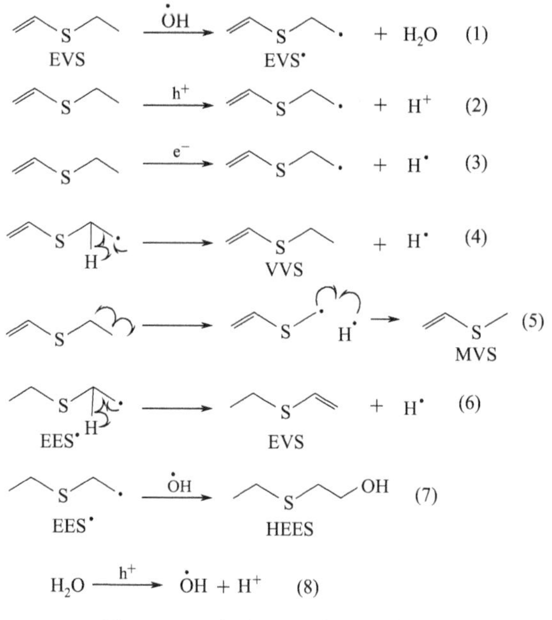

图 5.34　自由基反应的示意图

（转载自参考文献［2］，版权 2017，获得 Elsevier 许可）

硫醇自由基（EVS）可通过形成乙烯基键进一步发生消去反应形成 VVS（图 5.34，反应 4）或通过 C—C 键的断裂形成 MVS（图 5.34，反应 5）。“鱼钩”形半箭头表示单电子的转移。EVS 的形成也可以通过一个乙基乙基硫醚自由基的分子间自由基途径产生，该乙基乙基硫醚自由基是通过吸收光激发电子后产生的（图 5.34，反应 6）。先前报道硫化物可能会发生 S—C 键断裂（在 CEES 分子中有两个），导致产生各种自由基[58]。这些自由基可以重组形成二硫化物，这是有毒的，但比 HD 的毒性低。根据报道，这个反应途径也发生在 TiO_2 光催化氧化 CEES 的过程[32]。无论采用何种分析技术，我们的样品表面或顶空中都未检测到二硫化物。

基于得到的结果，图 5.35 中提出了所有反应路径的总体示意图。由于在我们的“瓶在瓶”中的吸附系统中，模拟剂不会以液体形式与固体直接发生作用，所以第一步是蒸发（图 5.35，Ⅰ）。吸附态的 CEES 蒸气随后与吸附剂表面相互作用（图 5.35，Ⅱ）。步骤Ⅰ和步骤Ⅱ达到平衡的速度在吸附反应过程中起着至关重要的作用。吸附的 CEES 经历上述光催化反应途径，生成 4 种降解产物（EVS、HEES、MVS 和 VVS），与 CEES 相比，这些产物毒性较低或无毒。

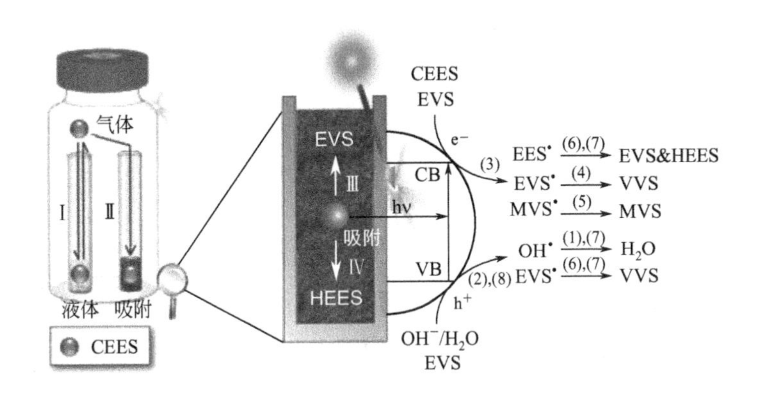

图 5.35 密闭吸附容器中所有反应的示意图

（转载自参考文献［2］，版权 2017，获得 Elsevier 许可）

5.1.3.12 结论

与原始氢氧化锌相比，成功形成的氢氧化锌和氧化石墨复合物可以改善消毒性能，因而材料的吸附和光催化降解能力均显著增加。复合物形成过程的协同效应可以改进控制消毒性能的最重要特征，例如表面积、总孔体积和末端羟基的数量。表面特征改变的程度以及吸附性能强烈取决于复合材料中碳质相的量。GO的加入对以下方面有积极影响：

（1）表面结构和化学不均匀性；

（2）无机相的分散；

（3）末端—OH基团的数目；

（4）表面积和总孔体积；

（5）电子转移效率/电子-空穴分离；

（6）吸附能力；

（7）降解-消毒率。

GO的最佳用量为10%。与在黑暗中相比，在可见光照射下可以获得更加显著的质量增加量，证实存在光催化反应。与$Zn(OH)_2$相比，含10%GO的复合材料显示出以下数值增加：

（1）末端羟基数增加22%；

（2）表面积增加43%；

（3）总孔体积增加67%；

（4）光照射24h后的质量增加量提高81%；

（5）在黑暗中暴露24h后质量增加量提高49%。

复合物中羟基密度和化学不均匀性的增加（碳基相的存在）促进了有机分子与吸附剂活性位点的色散作用。此外，含有10%GO的复合材料上的活性自由基的生成效率高于$Zn(OH)_2$。在暴露9天后，样品可以吸附和/或分解注入系统的全部CEES，超过了复合物自身质量的两倍。这种改进的光催化消毒能力非常理想。最后，所形成的产品具有较低的毒性或无毒性，这是有效洗消过程的重要特征。

5.1.4 包埋 AuNPs 和 AgNPs 的纳米结构锌（氢）氧化物/GO 复合材料

5.1.4.1 材料和目标

接下来的目标是评估在可见光照射下，添加金或银纳米粒子是否可以进一步促进 CEES 的吸附和光催化降解。因此，按照与氢氧化锌/GO 复合材料相同的合成程序，合成了具有氢氧化锌、氧化石墨和纳米颗粒的复合材料。选择纳米颗粒的量为最终总质量的1%，氧化石墨为10%，因为之前发现 GO 的添加量为该值是最佳的。由锌（氢）氧化物、GO 和 Au 纳米颗粒组成的复合物称为 AuZnGO，而含 Ag 纳米颗粒的样品称为 AgZnGO。为了比较，分析中将加入 ZnGO 的数据。

5.1.4.2 结构和形貌表征

ZnGO、AuZnGO 和 AgZnGO 样品的 X 射线衍射图显示出完全不同的晶体形态（图 5.36）。对于 ZnGO，衍射峰与斜方 ε-$Zn(OH)_2$（JCPDS 38-0385）的衍射峰完全匹配[5]。添加银纳米粒子导致形成两个晶相，在 20.2°、20.8°、27.3°、27.8°、32.8°、39.4°、40.7°、42.2°、52.3°、57.9°、59.5°和 60.4°处的衍射峰为斜方 ε-$Zn(OH)_2$，而在 31.7°、34.4°、36.2°和 47.6°处的衍射峰与晶体结构完好的 ZnO 六方纤锌矿结构一致（JCPDS 36-1451）[61]。在没有任何添加剂（GO 或纳米颗粒）的沉淀过程中，低温和碱性促进 $Zn(OH)_2$（而不是 ZnO）的成核和生长[62]。由于溶解度差异[7]，$Zn(OH)_2$ 的初始沉淀速率比 ZnO 快。加入 GO 和 Ag 纳米颗粒没有观察到 pH 的变化，因此氧化锌相的形成与不同的结晶途径有关。Au 纳米颗粒的加入导致结晶过程和成核机理完全不同了。AuZnGO 的 XRD 衍射图谱表明存在大量无定形态，没有明显的衍射峰也可归于晶体的超小尺寸[63]。

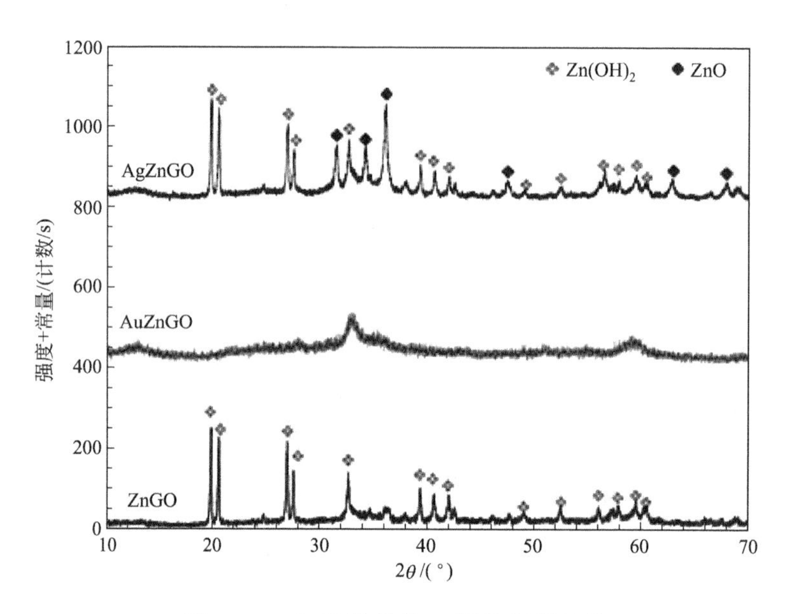

图 5.36 初始样品的 X 射线衍射图谱

样品的 SEM 图像如图 5.37 所示。ZnGO 的结构［图 5.37(a)］类似于之前的报道[31,49]。GO 层边缘的羧基可能是形成网状网络的“种子”，无机相与 GO 颗粒相连[31,49,60]。斜方晶型的 ε-$Zn(OH)_2$ 颗粒在有机相周围很好地结晶。复合材料显示出了完全不同的结构和形貌特征。对于含有 Au 纳米颗粒的复合材料［图 5.37(b)，(c)］，尺寸在 40nm 和 80nm 之间的球形颗粒均匀地分散在石墨层周围，生成高度非均质的无定形材料。X 射线衍射图中没有出现衍射峰，可能是因为晶体大小在纳米尺度。对于含有 Ag 纳米颗粒的复合材料［图 5.37(d)，(f)］，在 GO 相周围可以清楚地看到 $Zn(OH)_2$ 和 ZnO 相，氢氧化锌相为斜方晶型颗粒，而氧化锌则为蜘蛛网状网络。笼状和隧道状的孔如图 5.37(f) 所示，尺寸为 20～500nm。这些孔隙可以促进蒸气向介孔扩散，如前面的章节所示，其对吸附性能起着最重要的作用。

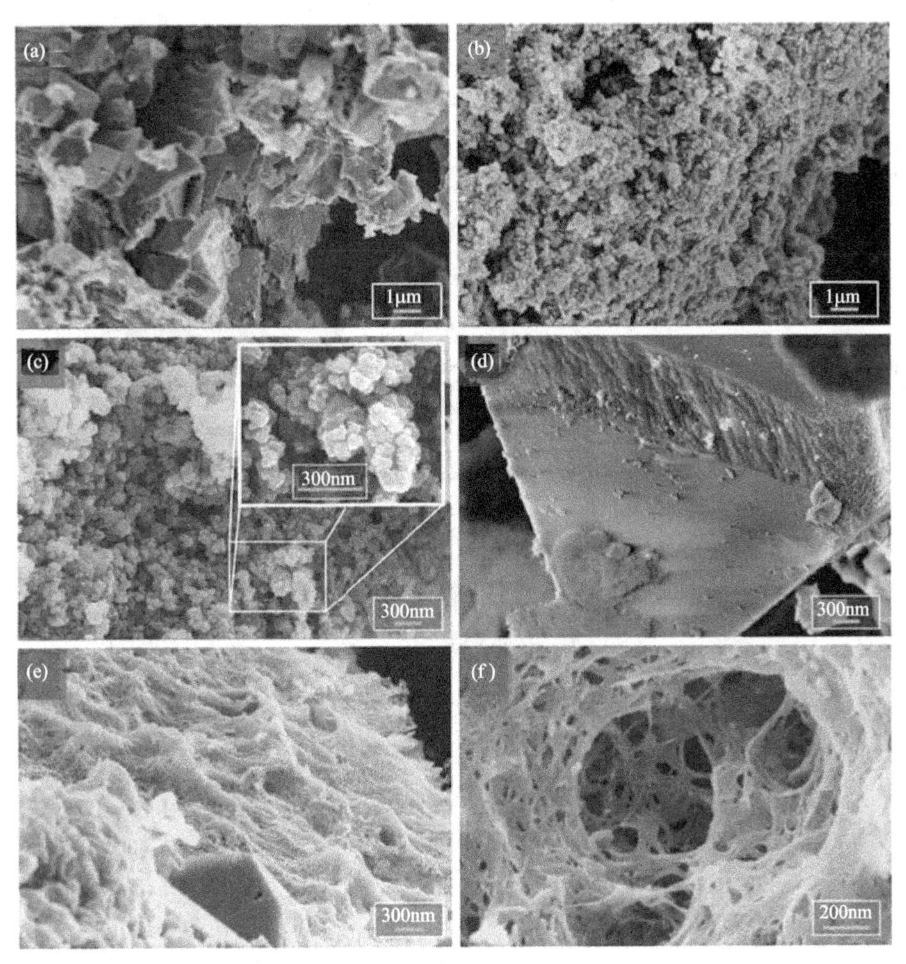

图 5.37 ZnGO（a）、AuZnGO（b），（c）和 AgZnGO（d），（f）的 SEM 图像

显然，在复合材料中添加纳米颗粒改变了复合材料的化学形成过程。XRD 和 SEM 结果表明，在 AuZnGO 的情况下，形成了无定形纳米晶粒，并且它们均匀地围绕 GO 薄片[16]。之前也有报道称金属纳米颗粒的存在改变了 ZnO 的生长[64]。Au 纳米颗粒可能会增加 ZnO 而不是 $Zn(OH)_2$ 的成核中心数量。这导致了颗粒粒径

的下降，这在针对氧化铝的研究中也有报道[9]。图 5.38 展示了前文所述的包埋纳米颗粒的复合物的详细形成过程。

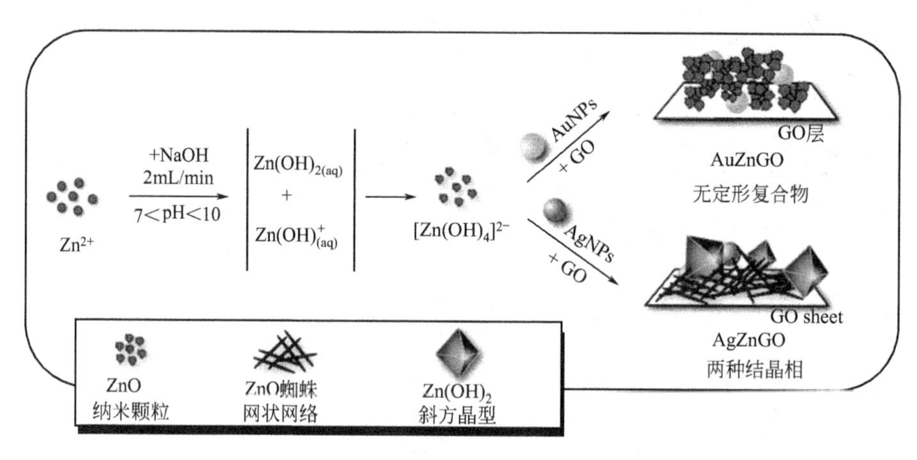

图 5.38 AuZnGO 和 AgZnGO 形成机理

通过 TEM 估算了 Ag 或 Au 纳米粒子的尺寸（图 5.39）。对于 AgZnGO，球形 Ag 纳米颗粒的粒径保持在 30～90nm 范围内。这些粒径与初始 Ag 纳米颗粒的粒径分布非常吻合（见第 3 章）。Au 纳米颗粒的粒径更小，从 10nm 到 40nm 不等。对于 AuZnGO 和 AgZnGO，纳米颗粒均主要聚集在复合材料的外相上。两种样品的高分辨率 TEM 图像均显示出具有多种重叠的晶格区域。对比度较暗的区域分别代表 Au^0 和 Ag^0 纳米粒子，这是由于这些较重原子的电子散射因子较强。主要的灰色区域与氢氧化铁锌相关，而亮灰色区域则为 GO 相。

所有复合材料的 N_2 吸附（图 5.40）是Ⅱ型（b）（根据扩展的 IUPAC 分类法）[12]，在聚合物内颗粒间缝隙中存在有毛细凝结。在低 p/p_0 处没有曲线，表明缺少微孔。吸附和脱附等温线之间存在一个非常小的 H3 型迟滞回环，说明这些孔隙没有复杂的结构[12]。对于 AuZnGO，其吸附和脱附等温线之间增加了迟滞回环，表明其具有更复杂的多孔结构。

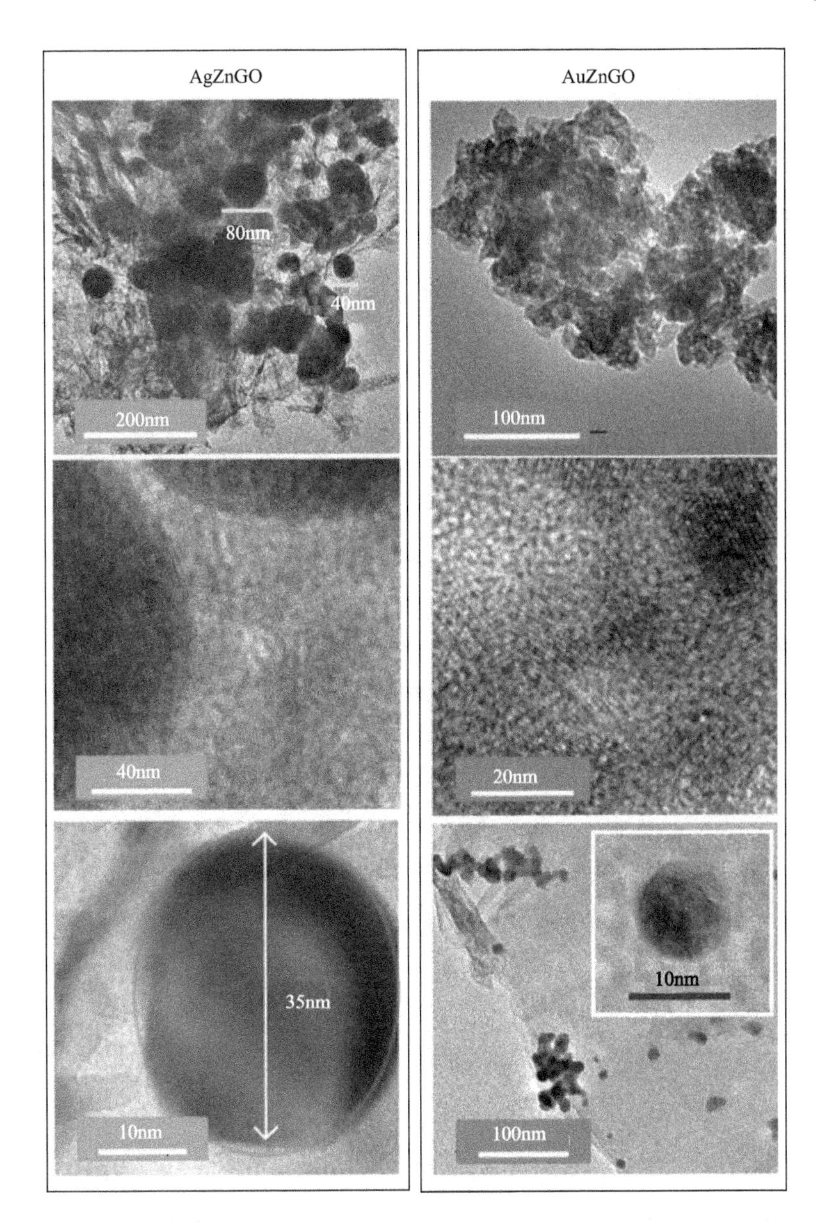

图 5.39　AgZnGO 和 AuZnGO 的 TEM 和 HRTEM 图像

使用 BJH 方法获得的孔径分布图（图 5.41）显示孔尺寸的不均匀性，没有微孔体积（<2nm）和宽分布的大中孔，主要尺寸约为 15～35nm。Au 纳米颗粒的加入导致孔径略微减小，并且形成

少量尺寸小于10nm的孔。相反，添加Ag纳米颗粒导致孔径增加，介孔体积减小。

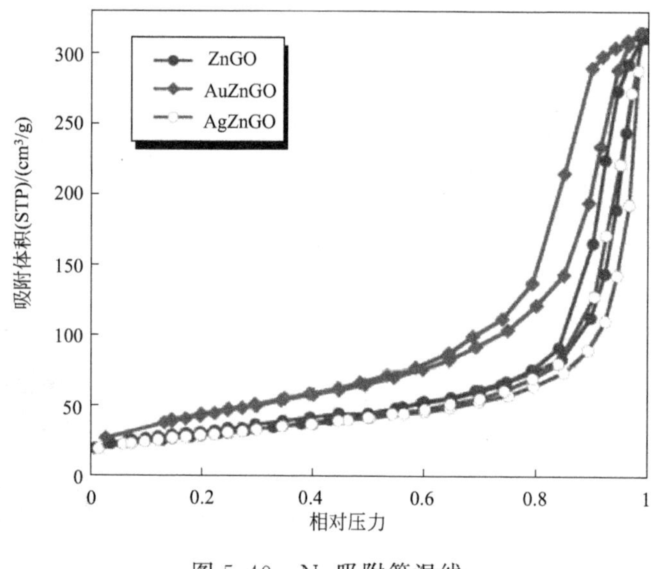

图5.40 N_2 吸附等温线

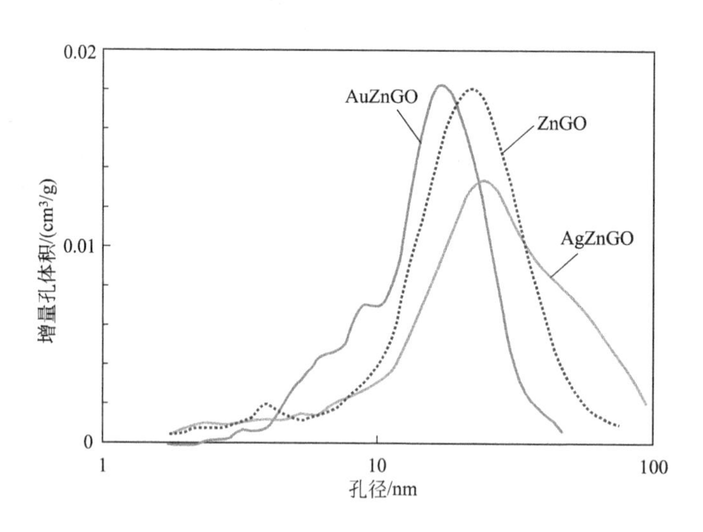

图5.41 使用BJH法计算得到的孔径分布

由等温线计算得到孔结构参数总结在图5.42中。与ZnGO相比，AuZnGO 的表面积增加 13.4%，总孔体积增加约 4%。对于 AgZnGO，表面积和总孔体积相对于 ZnGO 分别减少 10%和 7%。该结果表明，添加 Au 纳米颗粒导致在 GO 周围的无机相分散性更高。纳米尺寸的锌（氢）氧化物颗粒的形成是 AuZnGO 表现出最高表面积和孔隙率的另一个原因。

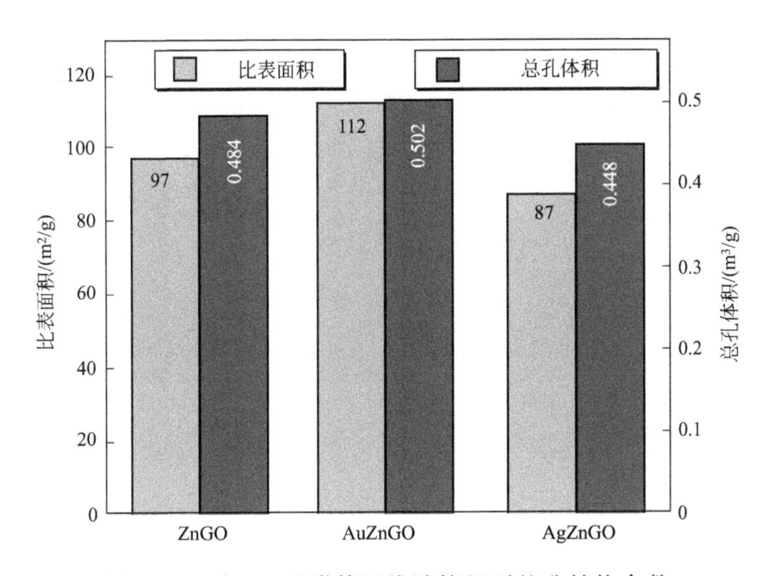

图 5.42　由 N_2 吸附等温线计算得到的孔结构参数

5.1.4.3　表面化学分析

由电位滴定结果计算得到的末端和桥联含氧基团的量如图 5.43所示。与 ZnGO 相比，添加纳米颗粒导致 AuZnGO 和 AgZnGO 桥联含氧基团数分别增加 96%和 81%。这种增加可能与氧化锌相的形成有关，因为此时成核过程发生了变化。Au 纳米颗粒的添加不会改变末端羟基的量。相反，与 ZnGO 相比，添加 Ag 纳米颗粒导致末端基团减少 22%。ZnGO、AuZnGO 和 AgZnGO 的末端与桥联 OH 基团的比率分别为 5.1、2.7 和 2.3。这支持了“添加纳米颗粒导致 ZnO 相增加”的发现。由于锌（氢）氧化物相和纳米级粒子的分散性增强，使用电位滴定法检测到 AuZnGO 的含氧基团的总量是最高的。

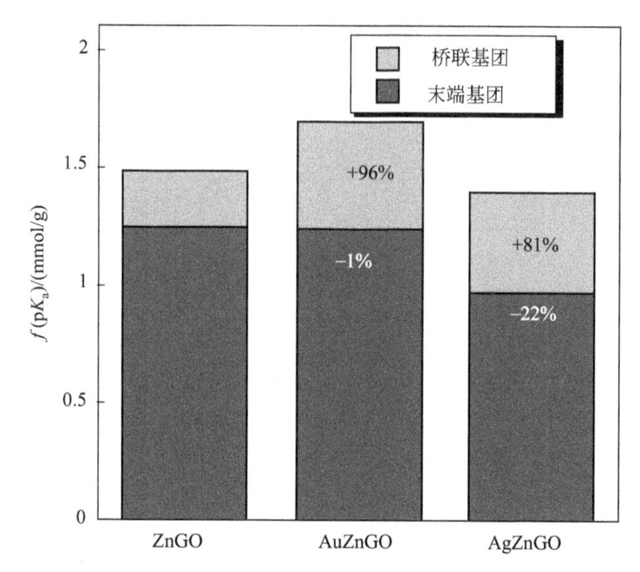

图 5.43　电位滴定实验测得的末端和桥联含氧基团的数量

复合材料的元素分布图（图 5.44）进一步支持了纳米粒子在表面的高分散性。这两种复合材料都不含有氯化物（<0.2%），表明纳米颗粒不与初始 $ZnCl_2$ 溶液中的氯化物反应。对比 AuZnGO 表面上 Au 和 Ag 的含量，发现 Ag 纳米颗粒大部分分散在复合材料的外表面上。

5.1.4.4　活性氧自由基估算

为了更为清晰地认识参与催化剂上消毒/分解反应的活性氧自由基（ROS），在环境光和黑暗条件下评估了样品产生羟基自由基（$^-$OH）和过氧自由基的能力。对苯二甲酸酯（TA）可以在羟基自由基存在下转化为 HTA，后者在 425nm 处具有特征发射[65]。针对所有样品分析了不同时段（10min、30min、60min、120min、180min 和 240min）产生的羟基对苯二甲酸酯（HTA）的荧光强

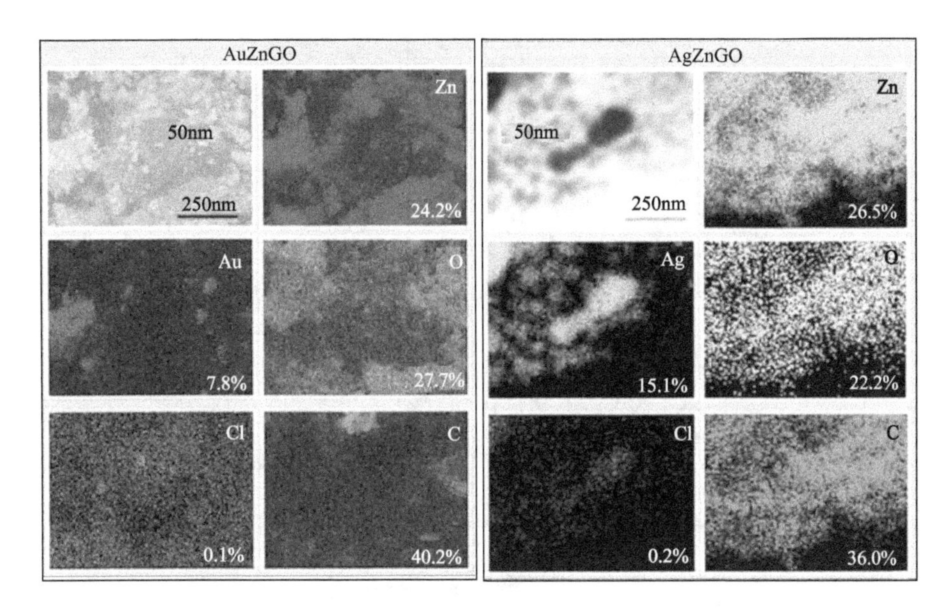

图 5.44 AuZnGO 和 AgZnGO 的 EDX 元素分布图

度，以评估⁻OH 的生成能力。混合了 AuZnGO 和 AgZnGO 的 TA 溶液的荧光光谱变化如图 5.45 所示。可以清楚地得出结论，只有 AgZnGO 在 425nm 处的荧光强度增加了。ZnGO 和 AuZnGO 显示出相同的行为。没有样品能够在黑暗条件下形成羟基自由基。

通过监测硝基蓝四唑（NBT）在紫外-可见光下的降解情况，研究了样品生成过氧自由基的能力。无论是在光照条件下还是在黑暗条件下，均未发现有什么物质可以促进 NBT 的降解过程，因为即使在 4h 后，溶液的发射光谱强度仍保持不变。

5.1.4.5 动力学和最大消毒性能研究

添加纳米颗粒的主要目的是进一步提高 ZnGO 复合材料的光催化性能，这种复合材料表现出非常高的消毒性能，特别在暴露 8 天后。出于这个原因，消毒测试是在环境光照射条件下进行的。为了使注入的 CEES 液体最大限度地蒸发，考察吸附动力学以及监测

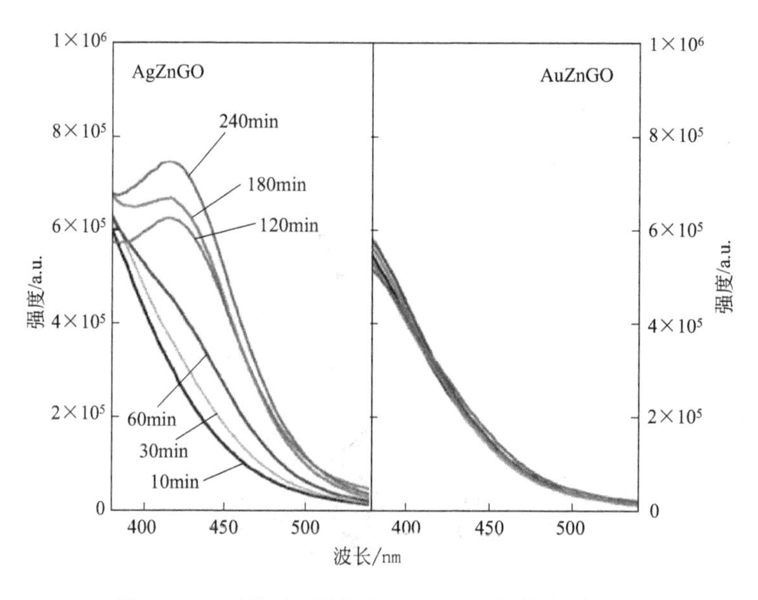

图 5.45 环境光照射下 425nm 处发射光谱强度（THA 的形成动力学）随着反应时间的变化

生成产物的转化，吸附测试过程持续了长达 10 天。记录复合材料的质量增加量并绘制于图 5.46 中。

直至第 8 天，所有样品的质量增加量几乎呈线性增加。有趣的是，具有最小表面积、总孔体积和末端羟基量的 AgZnGO，在第 9 天后呈现出最大的质量增加量。AuZnGO 也呈现出比 ZnGO 更高的最大质量增加量。这些事实表明，将纳米粒子加入复合材料中对降解能力起着有益的作用，而这种降解能力显然并不取决于孔隙率和表面官能团的数量。

5.1.4.6 监测顶空中挥发性产物的变化

质量增加实验表明，吸附期间发生的反应在控制吸附能力中起着关键作用，因此，监测了挥发性产物的形成过程并进行了半定量分析比较。AgZnGO 和 AuZnGO 的色谱图见图 5.47。CEES 峰（保留时间略高于 5min）的强度比较结果表明，AgZnGO 与模拟剂

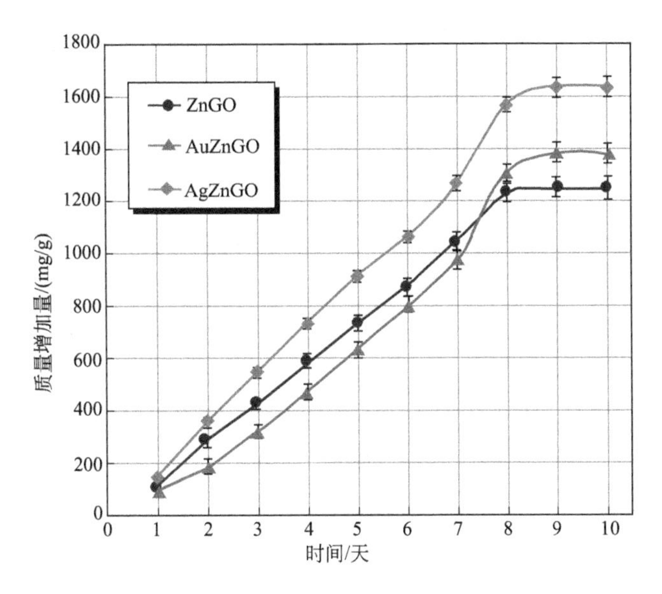

图 5.46 可见光条件下，在 10 天内测得的质量增加量/吸附容量比

蒸气的相互作用比 AuZnGO 的更快，因为在所有的时间段内，该峰的强度低于后者的。9 天后，以 AgZnGO 开展实验的顶空中未检测到 CEES。相反，对于 AuZnGO，CEES 峰在相同的暴露时间后显示较高的强度。保留时间约为 2min 的两个主要检测峰，分别为乙基乙烯基硫醚（EVS）和二乙烯基硫醚（DVS）。就 AuZnGO 而言，这些峰在相互作用 9 天后完全消失，表明形成的产物进一步降解或保留在表面上。

对色谱图的进一步综合分析表明，基于色谱图可以鉴别出更多的化合物（图 5.48，文后彩插）。顶空中所有鉴别出的物种及其特征质荷比（m/z）、名称、化学式、缩写和沸点列于表 5.4 中。必须提到的是，与 CEES 相比，所有检测到的七种挥发性化合物是无毒的或毒性显著降低。

根据分子量（M_w）将测得产物分为三类（图 5.49）。第一类包括乙烯基化合物 EVS 和 DVS，它们具有相近的分子量，它们通

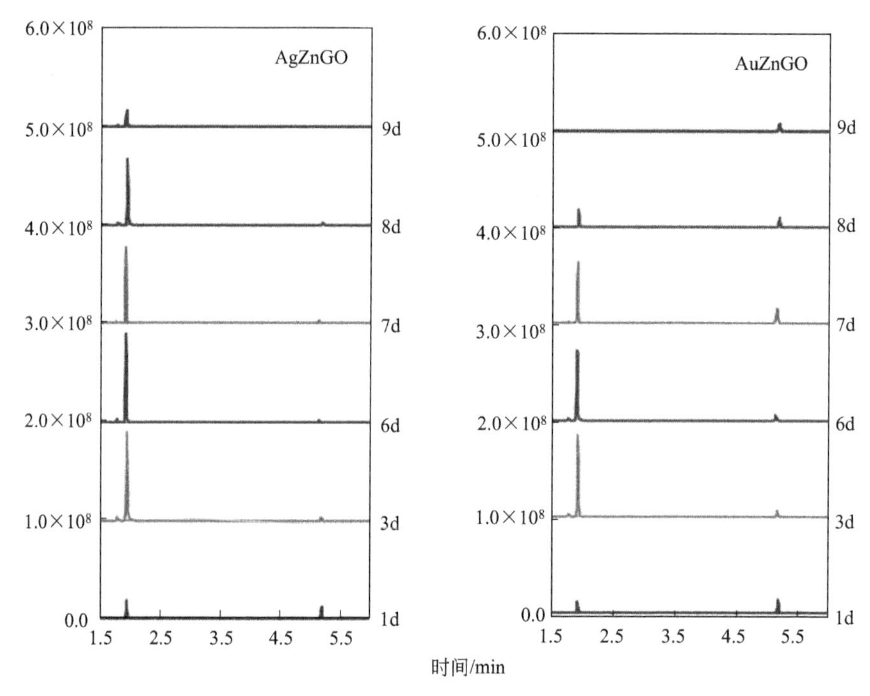

图 5.47 在可见光条件下，暴露于 CEES 中 10 天内测得的质量增加量/吸附容量比

表 5.4 顶空中测得化合物的详细信息

名称	分子式	缩写	沸点/℃	特征质荷比(m/z)
2-氯乙基乙基硫醚	$CH_3CH_2SCH_2CH_2Cl$	CEES	156	124,109,89,75,61,47
乙基乙烯基硫醚	$CH_3CH_2SCH=CH_2$	EVS	98	88,73,60,59,45
双乙烯基硫醚	$CH_2=CHSCH=CH_2$	DVS	84	86, 85, 71, 59, 41,40
双乙基联硫	$CH_3CH_2SSCH_2CH_3$	DEDS	110	122, 94, 66, 60, 47,45
1,2-双(乙基硫代)乙烷	$CH_3CH_2SCH_2CH_2SCH_2CH_3$	BETE	218	150,122,90,75,61,47
甲基乙烯基硫醚	$CH_2=CHSCH_3$	MVS	69	74,59,47,44,40

续表

名称	分子式	缩写	沸点/℃	特征质荷比(m/z)
乙醛	CH_3CHO	MeCHO	20	44,43,42
乙醇	CH_3CH_2OH	EtOH	78	46,45,43,42

过脱卤化氢反应生成。第二类含有分子量比 CEES 小的物种(MVS、EtOH 和 MeCHO)。生成这些物质必须发生 C—C 或 S—C 键的断裂。还发生氧化反应生成了乙醇和乙醛。第三类包括分子量明显高于 CEES 的分子（DEDS 和 BETE)。对于这些化合物的生成，估计是发生了 S—C 键断裂及其随后二聚化的过程。

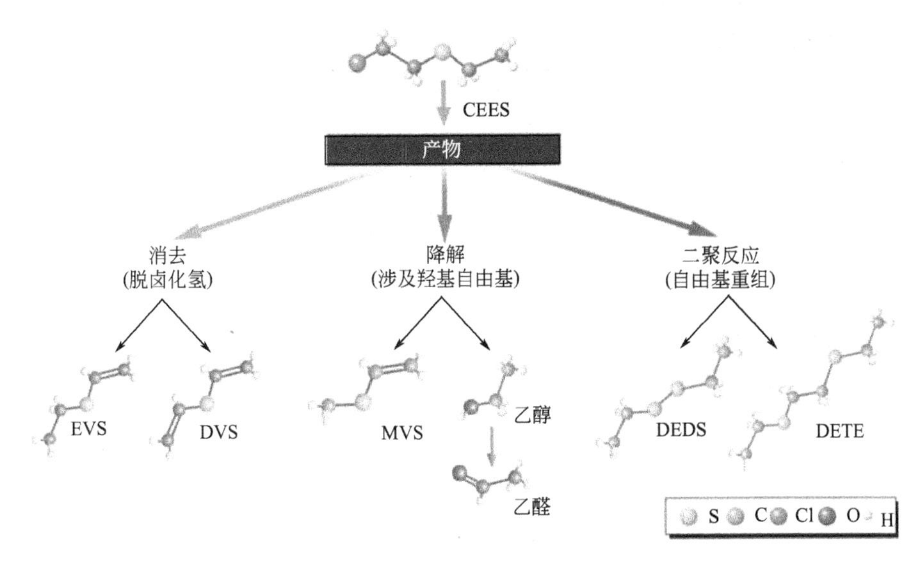

图 5.49 顶空中测得挥发性化合物的分类

随着吸附的进行，顶空中测得的六种化合物的浓度（峰面积）变化趋势如图 5.50 所示。结果表明，尽管 EVS 是主要的降解产物，CEES 和材料表面之间的各种相互作用/反应是同时发生的。从 EVS 和 DVS 的峰面积可以观察到含有纳米颗粒的复合材料呈现出明显更高的反应活性。对于单一 ZnGO 复合材料，还检测到少量 MVS。以 AuZnGO 和 AgZnGO 开展实验的过程中未检测到该化合物，表明它很快被降解了。通过比较两种多元复合材料的峰面积表明，以 AgZnGO 开展实验时，乙烯类产物 EVS 和 DVS 的生成速率较高。

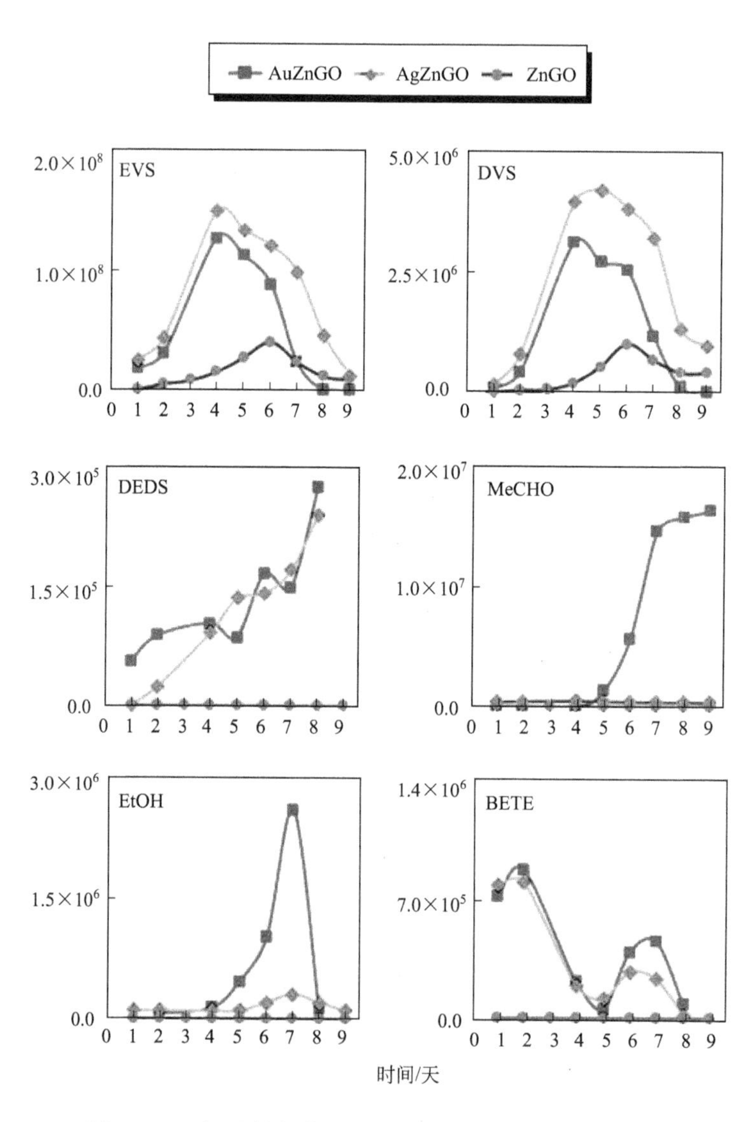

图 5.50 光照射条件下，特定化合物的色谱峰面积随暴露时间的变化（顶空分析）

二聚化产物的峰面积显示出类似的趋势。有趣的是，仅在 Au 纳米颗粒上促进了 MeCHO 和 EtOH 的形成，这是光氧化作用的结果，因为当在黑暗条件下进行测试时未检测到 EtOH 这种化合物。因为纳米颗粒可诱导表面等离子体共振效应，所以关于其他金属氧化物的报道中也提到了“加入纳米颗粒可以增强光催化性能”[66-68]。

5.1.4.7　消毒和吸附机理

图 5.51 所示为 CEES 活性吸附过程中的反应路径。主要的乙烯类产物 EVS 的形成可以通过两种途径。在第一个途径（途径 1）中，Zn(Ⅱ)中心充当路易斯酸并促进 C—Cl 键的断裂[2,69]。生成的二乙基锍阳离子（DES^+）通过分子间环化过程转化为一个不稳定的中间体环状阳离子。之后，环烷基硫醚阳离子通过双分子消去(E2)途径重排，生成 EVS，同时通过羟基消去不稳定的氢原子。在前一小节以及 CEES 在 $Fe(OH)_3$ 上吸附情况下也提到过水的形成[1,69]，并且可以解释暴露 7 天后吸附饱和的样品呈凝胶态的现象。第二种途径（途径 2）涉及二乙基硫化物自由基的形成，其经历进一步的分子间电子重排以形成 EVS。这种途径可能是以含纳米颗粒的复合材料开展实验时，相比 ZnGO 而言，在顶空中检测到的 EVS 含量较高的原因，这是由于加入纳米颗粒导致光反应活性更高。

DEDS、BETE、乙醇和乙醛的形成遵循图 5.51 中的第三种途径（途径 3）。α-碳自由基硫醚可被质子化成 α-碳自由基硫醚阳离子。后者与活性羟基的反应可生成乙基硫化物自由基和乙醇。硫化物自由基可以与另一个硫化物自由基或一个二乙基硫化物自由基反应，生成具有两个硫原子且分子量比 CEES 更高的产物（DEDS 和 BETE）。以 AgZnGO 开展实验的顶空中检测到少量乙醇，这可能是由于其通过氢键牢固地保留在表面上而没有进一步氧化成醛。仅

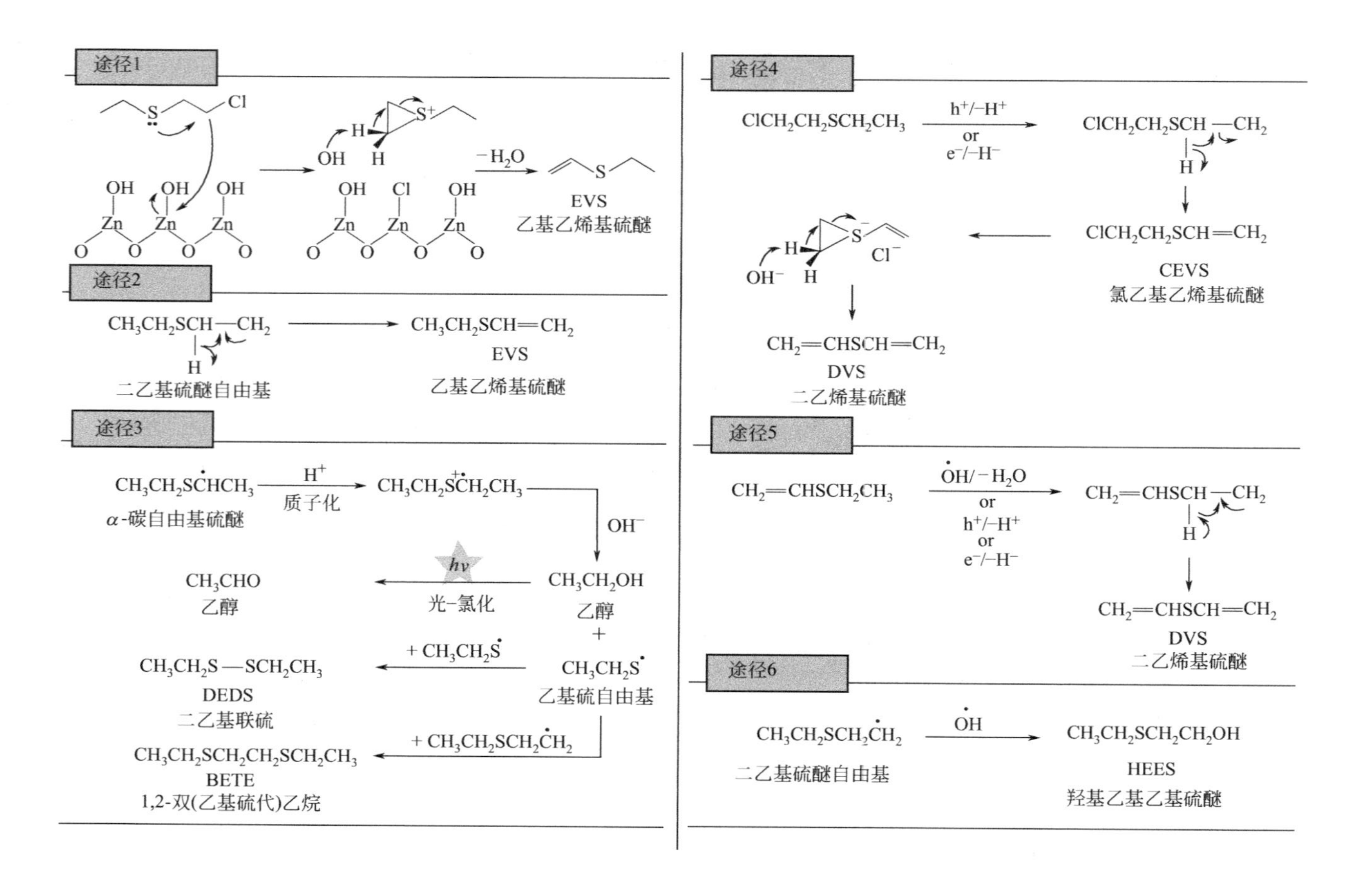

图 5.51　CEES 吸附反应过程中发生的反应

在 AuZnGO 上出现了 EtOH 进一步光氧化为乙醛的现象。在多元复合物中的 Au 纳米颗粒改变了化学环境，并激发了可以光氧化乙醇的无机相含氧基团。尤为重要的是，没有检测到其他氧化产物如亚砜或砜。

DVS 可通过两种途径（途径 4 和 5）生成。在第一种途径中，CEES 被光激发电子或形成的空穴转化为自由基，并且通过分子间电子重排，进一步转化为氯乙基乙烯基硫醚（CEVS)。遵循前文所述的 EVS 的第一种生成途径，氯乙基乙烯基硫醚可转化为 DVS。羟基自由基可以通过中间体二乙基硫化物自由基将 EVS 转化成 DVS（见途径 6)。在以 AgZnGO 开展实验的顶空中发现大量 DVS，这应当是以这种途径发生的反应，因为只有该复合物有能力生成羟基自由基。最后，这些自由基可以与二乙基硫醚自由基反应，形成羟乙基乙基硫醚（HEES)。事实上，萃取物的分析显示，与其他两种样品相比，以 AgZnGO 开展实验时，产生的 HEES 数量明显较高。

5.1.4.8　结论

在合成氢氧化锌/GO 复合材料过程中同时加入 Ag 或 Au 纳米颗粒制备出多元复合材料，其在可见光照射下对芥子气模拟剂 CEES 的吸附/消毒性能有所提高。纳米颗粒也改变了成核途径。含有 Ag 纳米颗粒的复合材料显示有两种不同的晶相，即斜方晶系氢氧化锌和氧化锌纳米棒，它们形成蜘蛛网状网络。在添加 Au 纳米颗粒的情况下，所得到的无定形晶相由包围 GO 相的锌（氢）氧化物纳米颗粒组成。外表面上可测得的纳米颗粒保持其球形。关于“外表面上存在的纳米颗粒促进了光反应活性、改变了化学环境并激活了氧物种”的假设是合理的。纳米颗粒的添加导致以下增加：

（1）化学和结构表面不均匀性；

（2）高反应性末端基团的量；

（3）含氧表面基团的活性；

（4）电子/空穴对的分离，防止其复合；

（5）光催化消毒性能。

添加 Ag 纳米颗粒可使得质量增加量和光降解率获得最高值，尽管该复合材料显示出最低的孔隙率。Ag 纳米颗粒的掺入也促进了羟基自由基的形成。另一方面，与 Ag 纳米颗粒相比，添加 Au 的纳米颗粒显示出较低的质量增加性能，但引入了选择性光氧化能力。只有乙醇氧化成乙醛，没有生成亚砜或高毒性的砜。这可以通过诱导表面等离子体共振效应来解释。由于 Au 和 Ag 纳米颗粒的成本较高，其他非贵金属纳米颗粒可能会替代它们在复合材料中的功能。

5.2 基于锆（氢）氧化物的多功能纳米复合材料

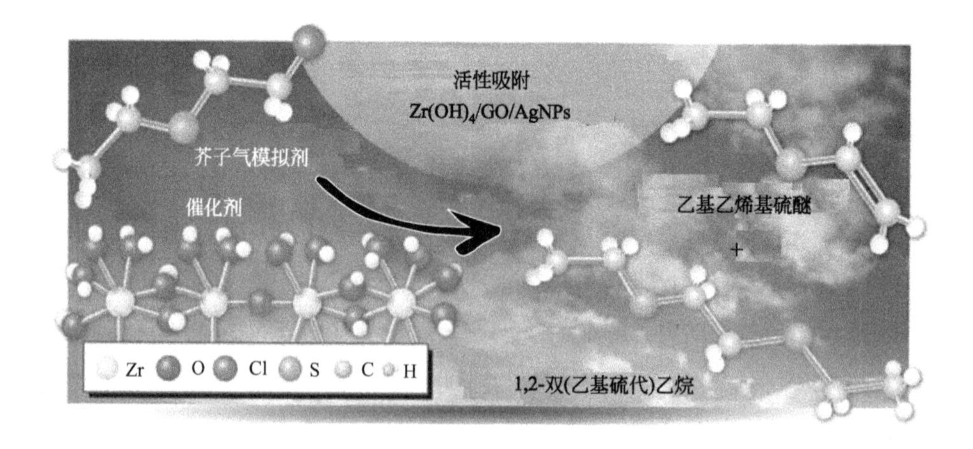

5.2.1 节改编自参考文献［70］，获得英国皇家化学学会许可。

5.2.1 $Zr(OH)_4$/GO 复合材料中的 GO 相对催化反应吸附程度的影响

5.2.1.1 材料和目标

这项研究的主要目标是使用控制速率沉淀法来制备（氢）氧化锆及其含有不同数量氧化石墨（GO）的复合材料，并评估其在环境条件下去除 CEES 蒸气的能力。另外的目标是确定最佳碳质相的量（这可能可以使吸附剂和催化剂的性能得到最大提高），并确定结构和化学性质是如何影响消毒能力和吸附反应机理的。

5.2.1.2 结构和形貌表征

所有样品的 X 射线衍射图谱如图 5.52 所示。无论 GO 存在与否以及数量如何，所有样品都是无定形的。此外，没有看到氧化石墨在 2θ 为 11.6°处的特征衍射峰，表明在无定形结构的氢氧化锆中，GO 发生了剥离。

由测得的氮气吸附等温线计算得到的结构参数见图 5.53。如果最终产品是物理混合物，GO 含量的增加将导致合成材料的孔隙率降低，因为 GO 的表面积仅为 $4m^2/g$，而总孔体积仅为 $0.002cm^3/g$[71]。通过假定两种组分是物理混合的，计算出了假设表面积和总孔体积，分析了两者对分析值的贡献百分比。图 5.53（b）和（c）展示了孔结构参数的比较值。从测量值和假设值的比较中可清楚地看出，复合物形成过程对孔隙发展具有协同效应。最明显的区别是 ZrGO5（＋36％）和 ZrGO20（＋42％）。前者的测量表面积比 ZrOH 高 29％。ZrGO1、ZrGO10 和 ZrGO20 的增加值分别为 4％、18％和 16％。

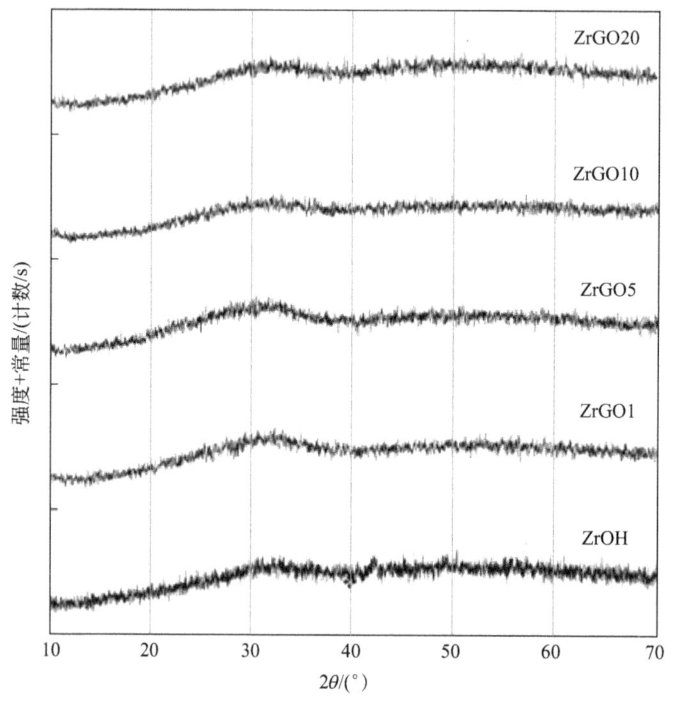

图 5.52　初始样品的 X 射线衍射图谱

（转载自参考文献［70］，获得英国皇家化学学会许可）

GO 的加入也导致总孔体积（特别是介孔体积）显著改变。值得一提的是，所有的材料都有微孔和介孔，如图 5.53(d) 所示。添加 GO 后，微孔相与介孔的体积比降低［图 5.53(c)］。向 ZrOH 中添加 1%的 GO 仅轻微地影响孔体积，但 ZrGO5 的孔体积却明显增加了，它的孔体积比 ZrOH 的 V_{mic}、V_{mes}和 V_{Total}分别提高 17%、83%和 52%。对于含 10%和 20%GO 的复合材料，孔体积的增加不如 ZrGO5 明显。结果表明，5%的 GO 是生成高孔隙率的关键/最佳量。

SEM 图像（图 5.54）显示了锆（氢）氧化物表面的不均匀特征。在添加 1%GO 后，可观察到比 ZrOH 中更小的氢氧化锆颗粒。GO 薄片被无机相包围。进一步增加 GO 含量促进了 GO 周围无机相的分散性，并将更多的 GO 封装在所形成的颗粒中。

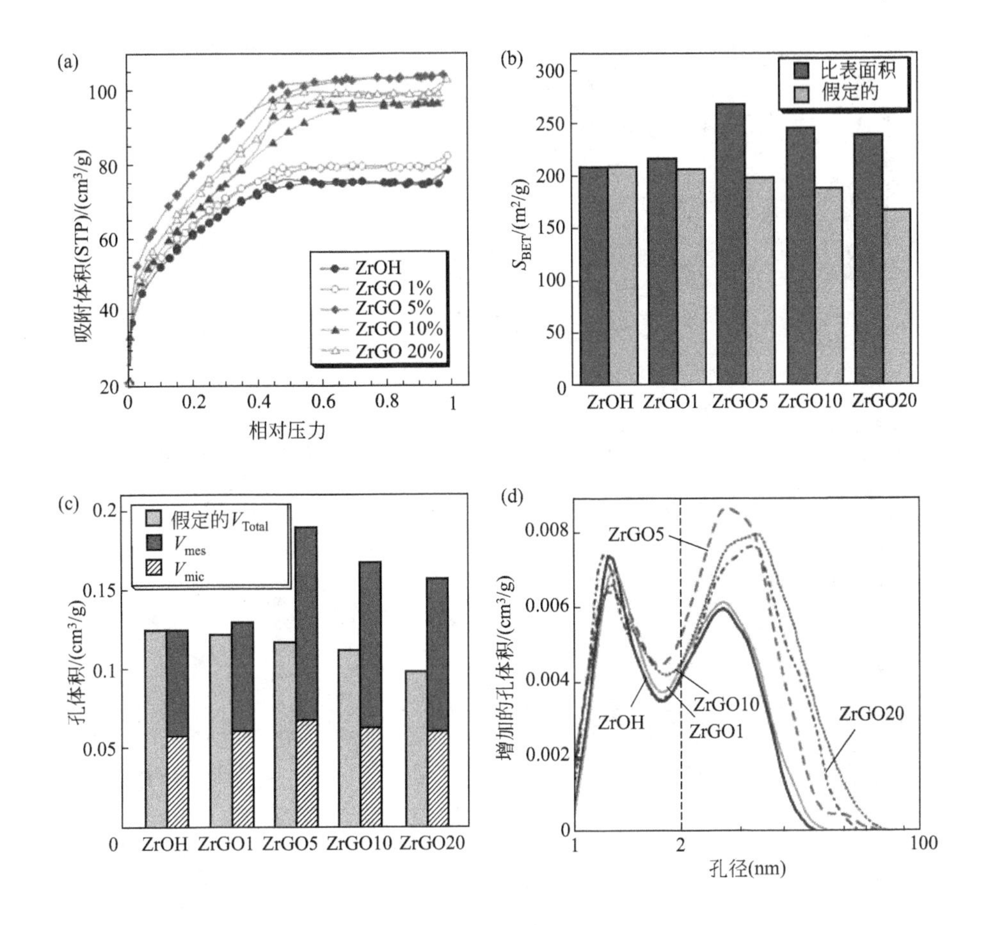

图 5.53 (a) 氮气吸附等温线;(b) 表面积测量值和假设值的比较;(c) 微孔和介孔体积;(d) 孔径分布

(摘自参考文献 [70],获得英国皇家化学学会许可)

5.2.1.3 表面化学分析

采用电位滴定法评估了表面官能团的量。对于 ZrOH,这些表面官能团可以分为两类:pK_a 值在 7 和 9 之间的,和 pK_a 在 9 以上的。第一类与桥氧基和结晶水相关,第二类与末端羟基相关[72,73]。据报道,末端羟基对于 CEES 蒸气吸附于锌和铁(氢)氧化物上的过程起着关键作用[1,13]。它们对于在 $Zr(OH)_4$ 上去除

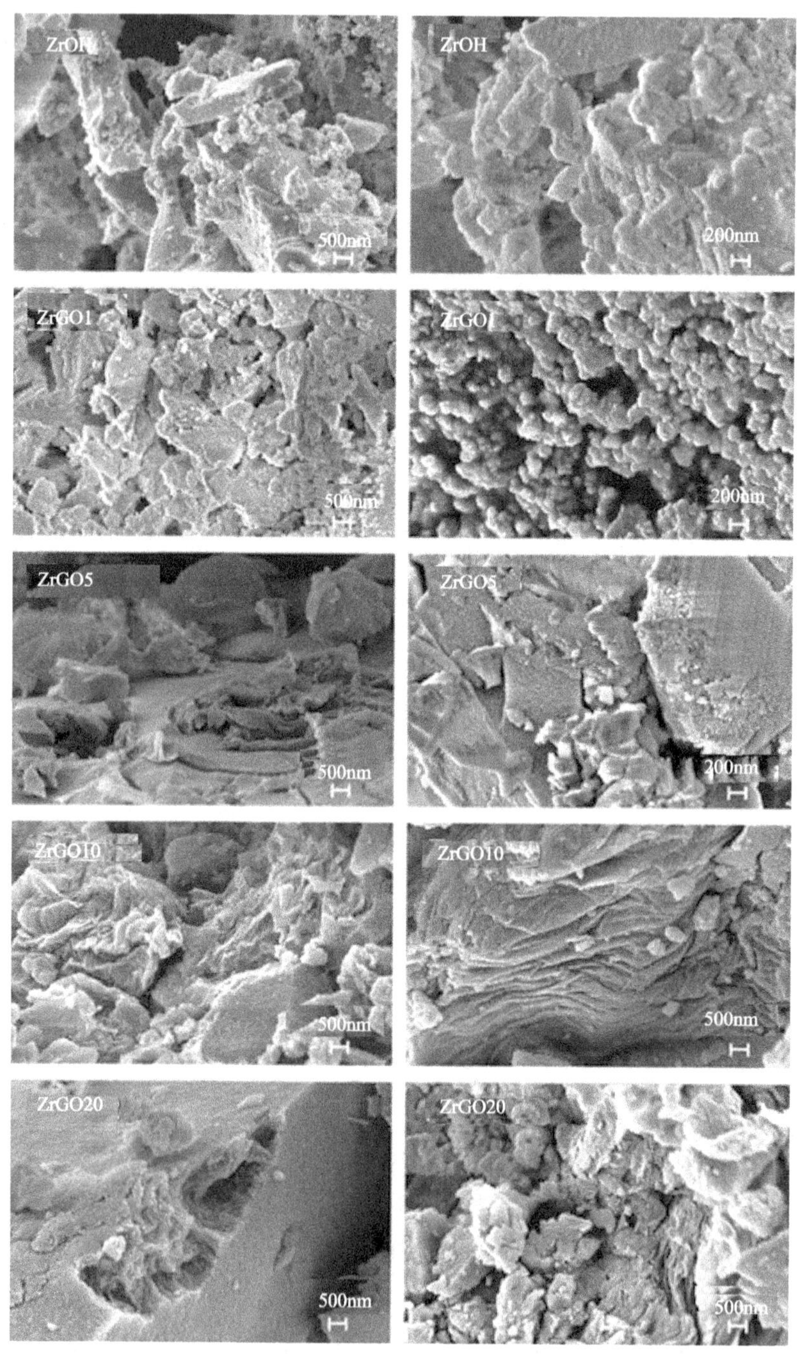

图 5.54 样品形貌的 SEM 图像

（转载自参考文献［70］，获得英国皇家化学学会许可）

神经毒剂 VX[25]以及在金属（氢）氧化物上去除 H_2S 也是至关重要的[16,74,75]。电位滴定的结果（图 5.55）清楚地表明，加入 GO 后增加了官能团的总量，特别是末端羟基的总数。增加量最为明显的是含有表面酸性物种最多的 ZrGO5。与 ZrOH 相比，其末端羟基数量增加了 141%，而桥联基团的数量增加了 56%。有趣的是，含有 1%GO 的复合材料显示出了与 ZrGO5 几乎相同的基团数量。继续加入碳质相会导致表面基团数量减少；然而，总的基团数量始终高于 ZrOH。值得一提的是，也可以从计算出的测量值和假设值（假设为物理混合物）的比较中看出，表面官能团数量受到复合物形成过程的协同效应的影响。当 pK_a 范围为 7～11 时，GO 的官能团总数为 2.009mmol/g，所以 ZrGO1、ZrGO5、ZrGO10 和 ZrGO20 的官能团的测量值比假定值分别高 95%、91%、36% 和 1%。

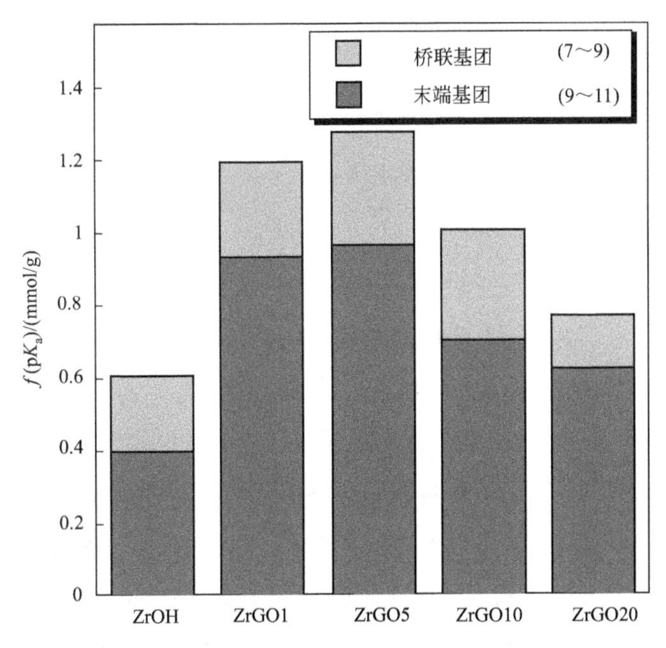

图 5.55 电位滴定法测得桥联和末端基团的数量

（转载自参考文献 [70]，获得英国皇家化学学会许可）

上述结果表明，5%GO是最佳添加量，形成的复合材料既具有最高孔隙率也具有最丰富的表面化学性质。因此，GO的加入在增加无机相的分散性和非晶性中起着重要作用。

图5.56(a)为ZrOH和复合材料的差热重（DTG）曲线。从低温到400℃，所有样品逐渐失重。在升温至125℃之前的质量损失与水（包括物理吸附水和结晶水）的去除有关。在125℃以上，复杂氢氧化物结构的氢氧化锆发生了脱羟基过程，并转变为桥联结构［图5.56(b)］。对于GO含量超过10%的样品，当温度为190～210℃之间时，可以见到GO的环氧基发生了分解过程，而对于ZrGO5，则几乎没有检测到这种分解[16,54,73]。450℃和650℃之间强度有限的尖锐峰，可归因于亚稳态四方或单斜氧化锆的形成[72,76]。

Clearfield等人首先表明：向$ZrOCl_2 \cdot 8H_2O$中加入碱，会导致生成通式为［$ZrO_b(OH)_{4-2b} \cdot xH_2O$］的聚合氧杂氢氧化物[77,78]。该结构［图5.56(b)］含有四种类型的氧基团。末端—OH基团和结晶水分子位于结构的外部相上。在晶格内部，Zr原子通过桥联OH或氧基进行连接。Huang等人针对$Zr(OH)_4$以及Chitrakar等人针对$ZrO(OH)_2 \cdot (NaO)_{0.005} \cdot 1.5H_2O$开展的研究中[76,78]，也报道了这两种类型的OH基团的存在。文献报道，在升温至400℃之前，氢氧化锆存在着一个宽失重峰，这与失水过程有关。假设存在纯的$Zr(OH)_4$，则其热转化为ZrO_2的过程应会发生22.6%的失重。在我们的例子中，未改性的ZrOH的失重在450℃时为16.7%。这表明我们的材料含有随机无定形结构的水合锆（氢）氧化物而不是氧化锆。末端—OH基团已被证明对于有机分子的吸附/降解更有活性。由于它们在晶格中的位置，使得它们可能与CEES更快地相互作用，而桥联基团活性较低并且相互作用较慢，因为向晶格中扩散需要更长时间[78]。

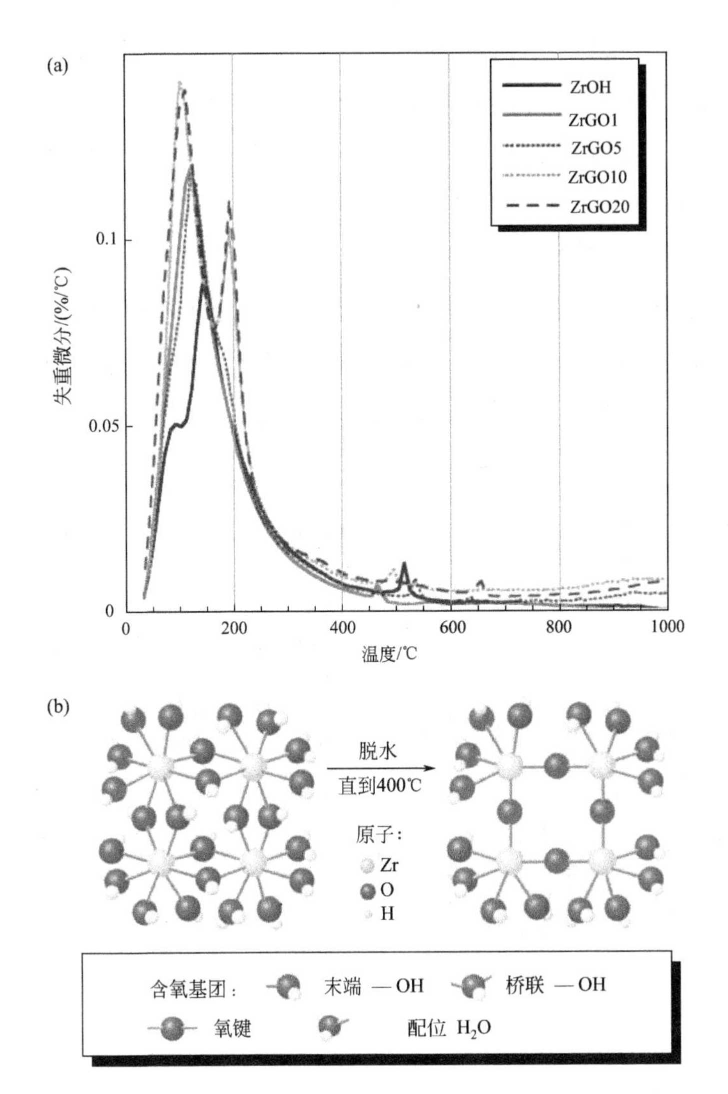

图 5.56 氦气下测得初始样品的 DTG 曲线（a），水合氢氧化锆脱水的立体视图（b）

（转载自参考文献［70］，获得英国皇家化学学会许可）

5.2.1.4 吸附性能和 GO 的最佳用量

所有研究样品都被作为 2-氯乙基乙基硫醚蒸气的吸附剂来评估。图 5.57 中所示为测量到的质量增加量。由于 GO（7mg/g）的吸附容量可以忽略不计，如果假设形成了物理混合物而不是复合物，则假定的质量增加量预计会随着 GO 含量的增加而减少。相反，所有复合材料均显示出比 ZrOH 更大的质量增加量，表明复合材料形成了明显的协同作用。ZrGO5 的质量增加量最大，比 ZrOH 高 67%，比假设为各成分物理混合的材料计算得到的量高 75%。吸附在 ZrGO1、ZrGO10 和 ZrGO20 上的量分别比 ZrOH 上的量高 9%、39%和 28%。也在黑暗条件下进行了吸附试验，测得的吸收质量与光照条件下测得的值相同。

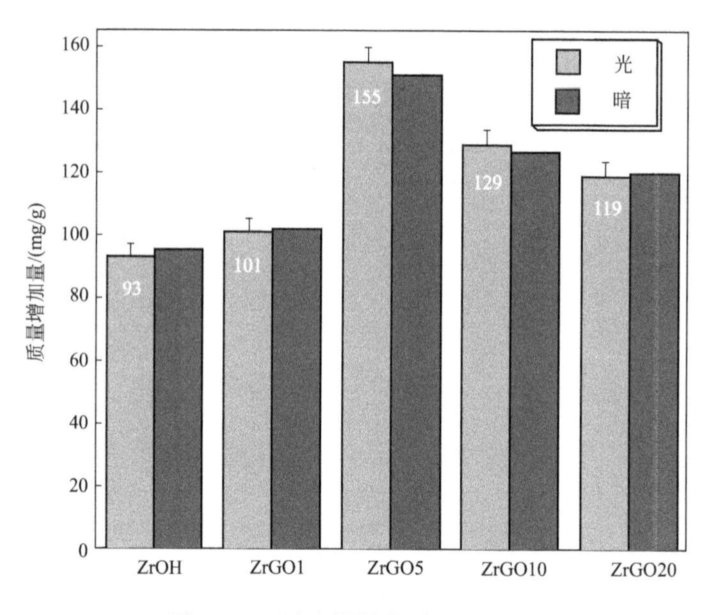

图 5.57　测试材料的质量增加量

5.2.1.5　结构参数和表面化学的作用

图 5.58 展示了暴露于 CEES 24h 后的质量增加量与表面积、末端羟基数和介孔体积之间的关系。线性相关表明，这些因素在反应型吸附过程中起着重要作用。没有发现容量与微孔体积及桥联基团之间的相关性。

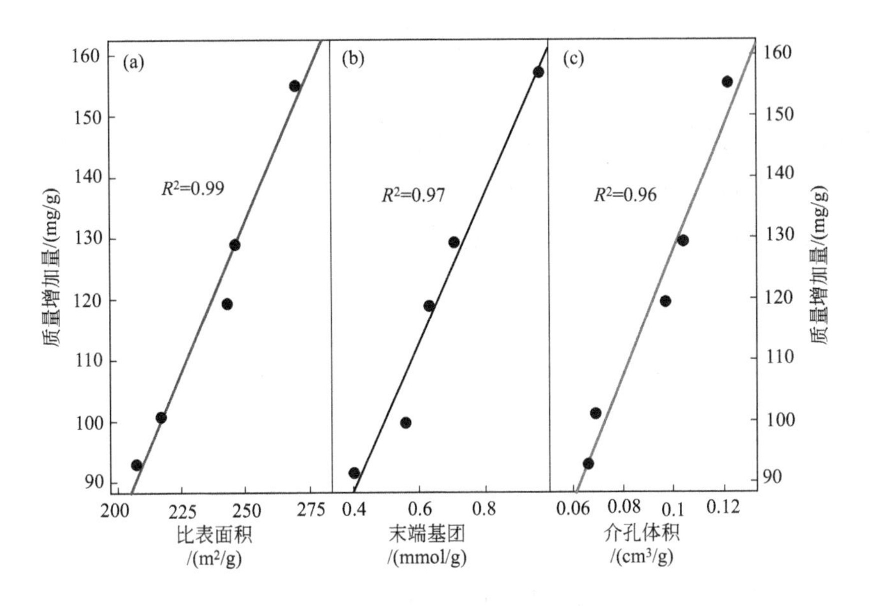

图 5.58 暴露于 CEES 24h 后的质量增加量与比表面积（a）、末端基团数（b）和介孔体积（c）之间的关系

（转载自参考文献 [70]，获得英国皇家化学学会许可）

5.2.1.6 吸附后样品的表征

根据 FTIR 光谱评估了暴露于 CEES 后的表面化学变化（图 5.59）。氢氧化锆的特征振动峰出现在 $1590cm^{-1}$、$1390cm^{-1}$ 和 $854cm^{-1}$ 处。位于 $1590cm^{-1}$ 处的最大宽峰可归属于水分子上的羟基，而位于 $1390cm^{-1}$ 处的峰则归属于 Zr—OH 的 O—H 振动[72,73]。$854cm^{-1}$ 处的弱峰归属于 Zr—O 键的晶格振动。对于石墨氧化物，羧基 C—O 键的伸缩振动、羟基/酚基的 O—H 弯曲振动和水的 O—H 振动分别出现在 $1050cm^{-1}$、$1390cm^{-1}$ 和 $1630cm^{-1}$。位于 $990cm^{-1}$ 处的峰对应于环氧基/过氧化物基团，而在 $1730cm^{-1}$ 处的峰是羧酸中 C ═O 伸缩振动的特征谱带。$1228cm^{-1}$ 处的峰可能与环氧化物中的 C—O 振动有关。氧化石墨中氧基的振动在低 GO 含量的复合材料（1%、5% 和 10%）中未

出现，因为这些基团参与复合材料的形成。对于具有 20% GO 的样品，仅在 $1000cm^{-1}$ 处出现一个宽峰，对应于环氧/过氧化物基团的振动。所有样品均可见氢氧化锆的特征峰。吸附后样品用字母 E 表示。在吸附 CEES 蒸气后，$850cm^{-1}$、$1390cm^{-1}$ 和 $1590cm^{-1}$ 处的峰的强度下降，表明—OH 基团和水分子参与了活性吸附过程。

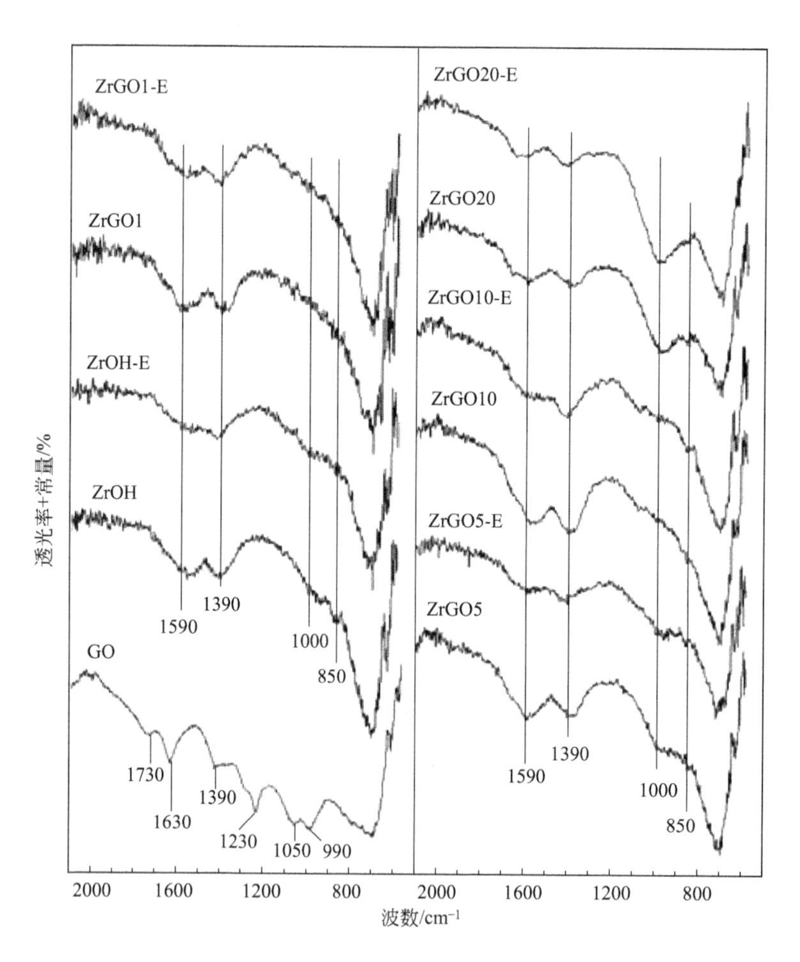

图 5.59　初始和吸附后（E）样品的 FTIR 光谱

（转载自参考文献［70］，获得英国皇家化学学会许可）

吸附后样品的差热重（DTG）曲线如图 5.60 所示。在反应吸

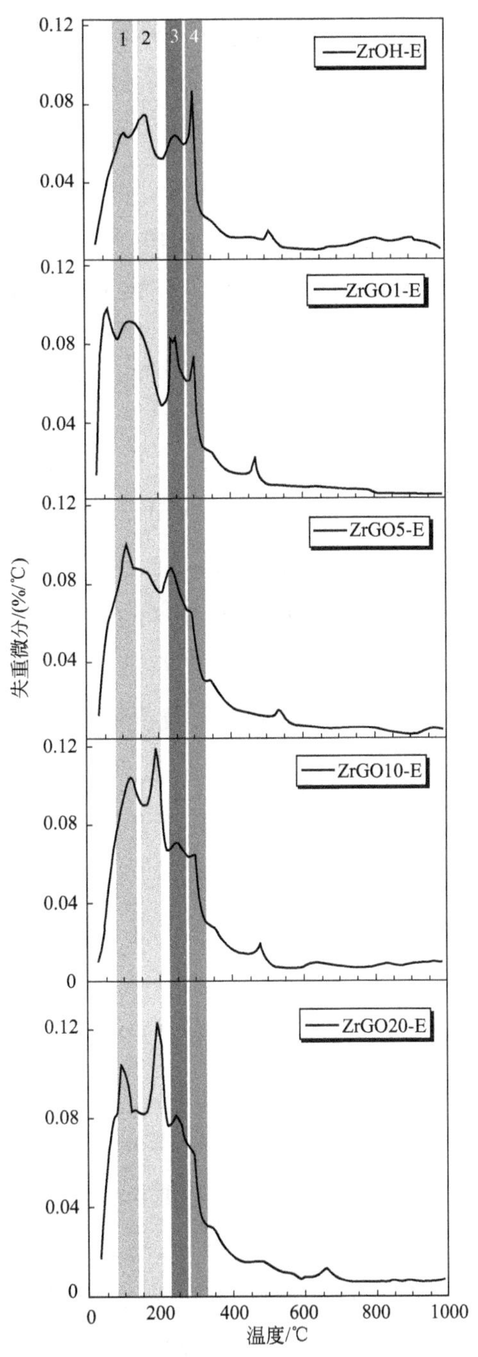

图 5.60 氨气中吸附后样品的 DTG 曲线

（转载自参考文献 [70]，获得英国皇家化学学会许可）

附之后形成新化合物是显而易见的，因为对于所有使用后的样品，在110℃、170℃、270℃和300℃出现了四个不同强度的新峰。我们将它们分别称为峰1、2、3和4。为了确定这些新峰的来源，在TA分析的同时利用质谱分析脱附气体/蒸气。下文针对峰归属问题展开的讨论是基于检测到的 m/z 片段。图5.61（文后彩插）中所示为ZrOH的MS热分布图。表5.5中为测得的化合物的名称、缩写和详细信息。

根据 m/z 热分布曲线，DTG曲线上最大值位于110℃的峰1被归于CEES（m/z：90，75，61，47）以及具有相同主强度 m/z 信号的系列化合物。后者包括BETE、HEES和/或饱和硫化物，如EES。此外，它也可以归于EVS（m/z：88，73，59，45）和DEDS（m/z：66，60，47）。最大值位于170℃的峰2与脱羟基过程有关，因为只有OH（m/z：17）会在该温度下给出信号。与初始样品相比，较高的分解温度以及该峰的低强度，表明氢氧根参与了CWA的吸附/降解过程，并且通过极性键或氢键与有机分子之间发生相互作用而被固定下来。此外，对于GO含量较高的复合材料（ZrGO10和ZrGO20），在相同温度范围内GO的分解过程促使峰2强度增加。峰3（最大值位于270℃）可能代表DEDS和BDT，因为后一化合物特有的 m/z 55仅在该温度下出现。位于300℃的峰4可以与CEES、HEES、BETE、EES和EVS相关联。相同化合物存在两个分解温度，与存在两个能量不同的吸附位点相关[79]。第一种的温度较低，代表弱吸附的分子，可能是通过外表面上和/或介孔中的极性力发生作用；而第二种则是去除微孔中或那些通过氢键与—OH基相连的强吸附分子。人们发现，CEES在铁和锌（氢）氧化物上吸附的趋势与去除CEES和EVS时的趋势相同[1,69]。

表 5.5　在表面上和顶空中测得化合物的详细信息

名称	化学分子式	缩写	特征质荷比(m/z)
2-氯乙基乙基硫醚	$CH_3CH_2SCH_2CH_2Cl$	CEES	124,109,90,75,61,47
2-羟乙基乙基硫醚	$CH_3CH_2SCH_2CH_2OH$	HEES	106,90,75,61,47
1,2-双(乙基硫代)乙烷	$CH_3CH_2SCH_2CH_2SCH_2CH_3$	BETE	150,122,90,75,61,47
乙基乙基硫醚	$CH_3CH_2SCH_2CH_3$	EES	90,75,61,47
乙基乙烯基硫醚	$CH_3CH_2SCH{=}CH_2$	EVS	88,73,59,45
二乙基联硫	$CH_3CH_2SSCH_2CH_3$	DEDS	122,94,66,60,47,45
1,4-二巯基丁烷	$SHCH_2CH_2CH_2CH_2SH$	BDT	122,88,73,60,55,47

对于 ZrOH，Cl（m/z：35）的 m/z 信号的变化说明 CEES 的去除作用主要发生在两个温度下，去除率的最大值分别在 100℃和 300℃。此外，在温度低于 60℃时出现的一个小峰与形成含氯小分子物质相关，而高于 600℃的稳定信号可以归因于 Zr—Cl 键的分解。最后，SO_2（m/z：64）、CH_3（m/z：15）和碳（m/z：12）的 m/z 信号的变化进一步证实各种化合物在上述温度下发生了分解。获得的各复合材料的 m/z 热分布图表明，出现的新峰的来源相同。TA 分析时，在加热过程中会生成许多化合物，因此该方法无法为反应吸附过程的机理和过程提供足够的证据。

5.2.1.7　消毒性能评价

为了确定最大质量增加量以及分析活性吸附过程，针对不同 CEES 暴露时间开展了研究（图 5.62）。在测试的所有复合材料中，经过 24h 和 48h 之后，ZrGO5 表现出最佳的 CEES 吸附性能，因此选择该样品和 ZrOH 来更详细地研究吸附过程。ZrOH 的质量增加量在 36h 后达到最大值（105mg/g±6.2mg/g）。而 ZrGO5 在 48h 后达到最大质量增加量（204mg/g±8.3mg/g），几乎两倍于

ZrOH。图 5.62 中也列出了其他复合材料在暴露于 CEES 中 24h 和 48h 后的质量增加量。结果表明，石墨烯相增强了 CEES 的吸附量和/或吸附于表面上的降解产物的量。

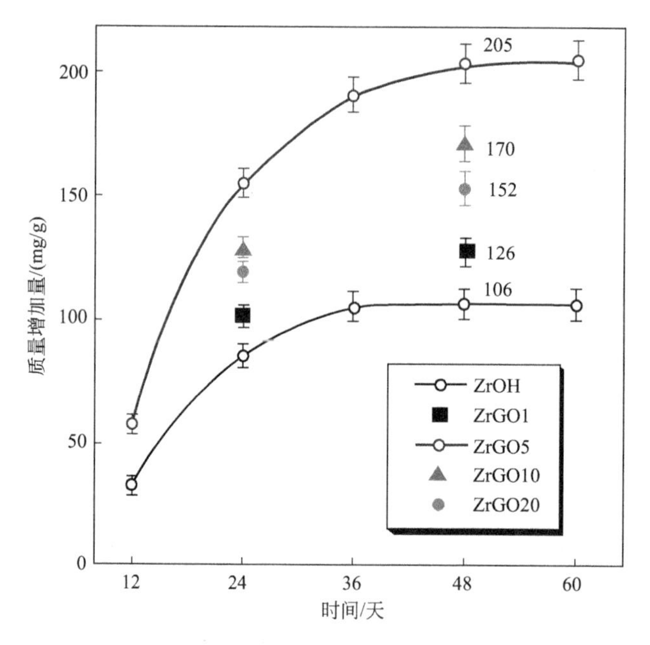

图 5.62　暴露于 CEES 蒸气中长达 60h 测得的质量增加量

（转载自参考文献［70］，获得英国皇家化学学会许可）

最大质量增加量（位于 48h 处）与比表面积、介孔体积和端基数量之间的相关性呈线性趋势，R^2 值分别为 0.97、0.98 和 0.96（图 5.63）。结果表明，材料的化学和物理特性在吸附性能中起关键作用，说明在活性吸附过程中化学和物理相互作用均涉及。ZrGO5 的孔隙率和表面基团量的增加导致其质量快速增加。必须要提到的是，吸附时间较长只是表面现象，因为 CEES 的蒸气压较低，导致其蒸发需要相当长的时间。Prasad 等人报道，为了使芥子气在活性炭上的吸收质量达到最大值（表面积 $1250m^2/g$），需要 576h（24 天）[80]。

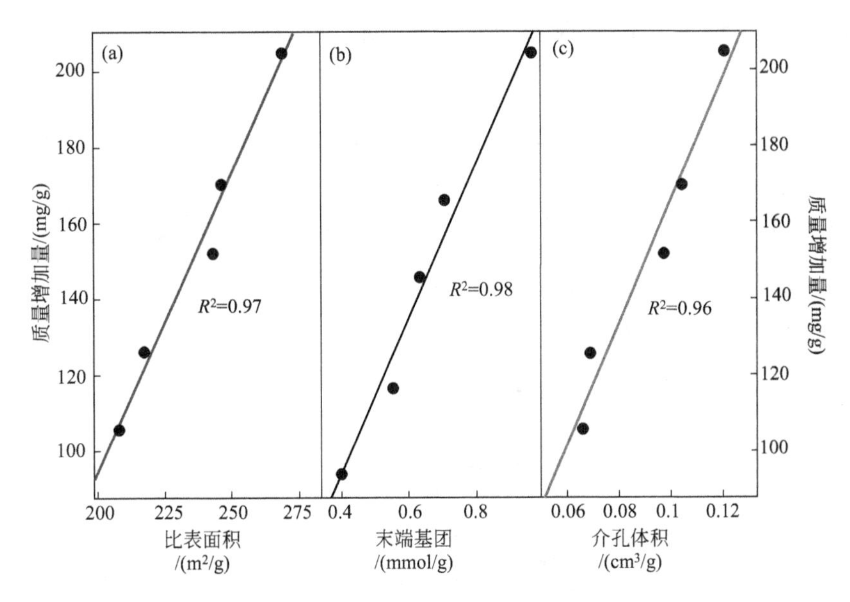

图 5.63　暴露于 CEES 中 48h 后，最大质量增加量和表面积（a）、末端基团（b）及介孔体积（c）之间的关系

（转载自参考文献［70］，获得英国皇家化学学会许可）

5.2.1.8　顶空中挥发性产物的鉴定

将暴露时间增加至 48h 促进了 CEES 和/或其降解产物的吸附量。这可能是由于在材料表面发生的转变较为缓慢，或由于 CEES 蒸发所需的时间所致。尽管可以通过测量质量增加量来评估其吸附性能，但质量增加量并不能提供关于活性和相互作用机制的足够证据。因此，为了详细研究相互作用并阐明表面反应产物，采用 GC-MS 分析了封闭式吸附系统的顶空和吸附后材料表面的萃取物。如前所述，分析主要集中在 ZrGO5 和 ZrOH 上。对于 ZrOH 和 ZrGO5，顶空中测得 CEES 的保留时间在 3.3min，EVS 在 1.8min，BETE 在 4.8min。图 5.64（a）中列出了暴露 48h 后的色谱图。3.3min 处的强峰表明，即使在 48h 之后，反应容器中仍存在大量的 CEES 蒸气。EVS 和 BETE 的峰强较低，这是因为顶空被 CEES

饱和，或是因为它们吸附在了材料表面。

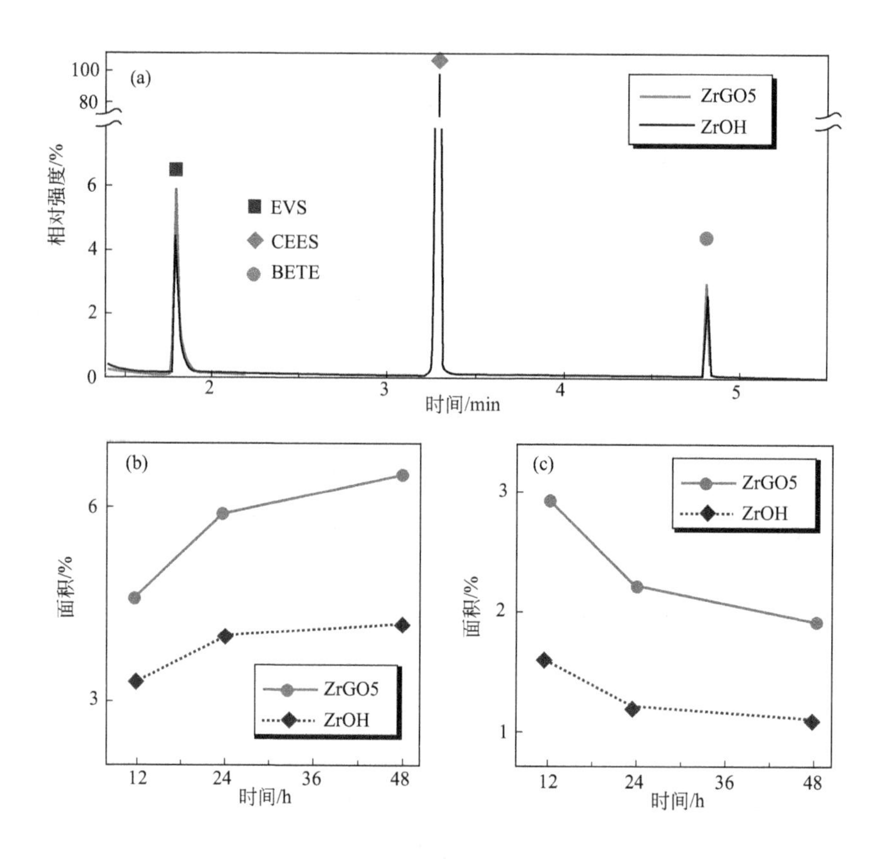

图 5.64　暴露于 CEES 48h 后 ZrOH 和 ZrGO5 顶空的色谱图（a），以及 EVS（b）和 BTET（c）的色谱峰面积（顶空分析）与暴露时间的关系

（转载自参考文献［70］，获得英国皇家化学学会许可）

顶空中 EVS 和 BETE 的浓度（由峰面积表示）随着吸附过程发生变化的趋势如图 5.64(b) 和（c）所示。结果表明，CEES 和样品表面之间的各种相互作用/反应同时发生。在顶空中检测到的 EVS 数量持续增加，与 TA-MS 的分析结果一致。这表明 CEES 的降解过程主要是生成脱卤化氢产物（图 5.65）。简而言之，CEES 可通过分子间环化过程转化为瞬态环状锍阳离子。硫原子充当亲核

试剂并攻击与氯原子结合的亲电子碳原子。之后，通过双分子消除(E2)反应，环状阳离子上的不稳定氢转移到锆相中带负电的晶格氧（其充当Lewis碱的作用）上。路易斯酸Zr(Ⅳ)中心促进了该消除途径第一步中C—Cl键的断裂。在针对氧化铝、氢氧化锌和羟基氧化铁吸附CEES或HD的研究中也报道了类似的降解途径[1,47,69]。在$ZrCl_4$的分解温度下（330℃），$m/z=35$的热曲线显示存在一个较强的信号，这是分子间环化作用的结果——氯原子与无机基质之间发生键合。

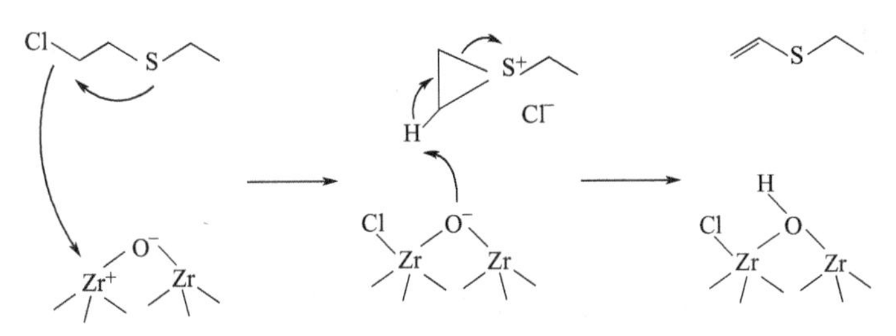

图5.65 CEES通过锍阳离子中间体脱卤化氢转变为EVS

（转载自参考文献[70]，获得英国皇家化学学会许可）

BETE的浓度变化趋势与EVS的浓度变化趋势相反。顶空中其浓度的降低可能与其生成量有限且同时强烈吸附于表面上有关。BETE的生成机制包括S—C键的断裂和两个不同分子之间新S—C键的形成。表面上的烷氧基物种与锍阳离子反应，生成BETE和$—OCH_2CH_3$基团。FTIR光谱分析结果证实了含氧基团参与烷氧基物种的生成过程，在FTIR光谱分析过程中发现—OH的峰强度有所下降。Verma等人曾报道，CEES与ZrO_2或WO_3纳米颗粒上的孤立羟基发生相互作用后，会生成EVS和烷氧基物种[81,82]。

如果要发生上述途径，首先需要CEES吸附在表面上。正如TA分析结果表明的那样，CEES吸附和EVS吸附都有两种能量不同的吸附中心。能量较低的吸附过程可能包括$S^{\delta-}$与$Zr^{\delta+}$的极性相互作用[45,69]。更强的吸附可归因于材料的 OH 基团与有机分子的 S 和 Cl 基团之间形成氢键。Panayotov 和 Yates 详细研究了 CEES 在高比表面积 TiO_2-SiO_2 混合氧化物上的吸附过程，他们发现该分子与 Si—OH 基团的氢键键合过程主要通过 Cl 和 S 基团发生[38]。在 TA-MS 的分析过程中，吸附分子在低温（110℃）下发生的去除过程与弱相互作用有关，而在较高温度（300℃）下则与氢键相互作用有关。

5.2.1.9 保留在材料表面的表面反应产物鉴定

采用 GC-MS 分析表面萃取物的结果显示，在表面上存在有 CEES 和 BETE。值得一提的是，BETE 的信号在萃取物的色谱图中比顶空分析中具有更高的强度。BETE 的峰面积占所有测得化合物总面积的 16%～20%，而这些值在顶空分析中为 1%～3%。在顶空或萃取物中未检测到 HEES、二硫化物如 DEDS 和 BDT 或任何氧化产物如亚砜和砜。在 TA-MS 分析中可能会检测出其中的一些（如 BDT，DEDS），这可能是因为分析过程中发生了热转化，以及释放出的氧气参与了它们的形成过程。最后，复合材料萃取物中 BETE 的浓度高于 ZrOH 的，进一步支持了我们关于“GO 的添加导致活性吸附程度的显著增加，并将 CEES 选择性催化转化为 EVS 和 BETE”的发现。这种现象是因为复合材料的表面活性位点和化学不均匀性发生了改变。羟基分散度的增加和发达的孔隙率在消毒过程中起着关键作用。

5.2.1.10 消毒机制

前文所述的 CEES 及其降解副产物与材料表面的相互作用如图 5.66所示。无定形氢氧化锆相充当活性吸附剂，因为它能够物理吸附有机分子，并将 CEES 催化转化成脱卤化氢产物 EVS 和聚合产物 BETE。

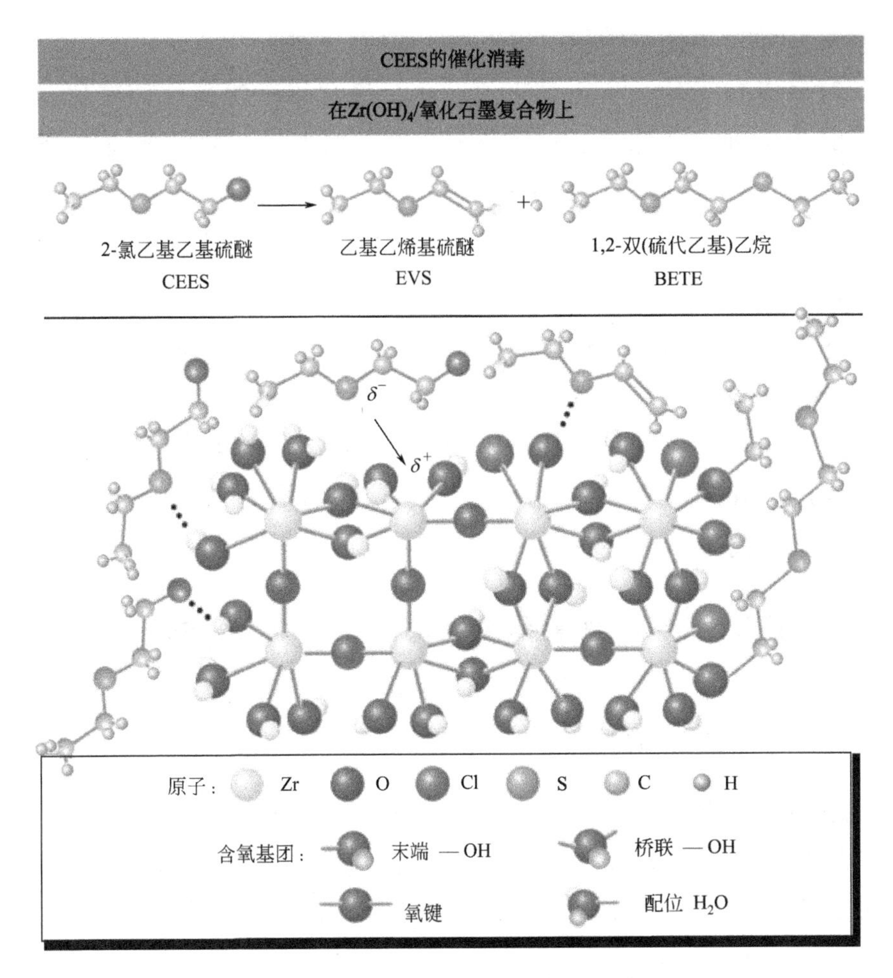

图 5.66　CEES活性吸附机理图

（转载自参考文献［70］，获得英国皇家化学学会许可）

5.2.1.11　结论

本章介绍的结果首次表明，锆（氢）氧化物及其与氧化石墨复合的复合材料可用作芥子气模拟剂蒸气的活性吸附剂。采用液相合成路线可以生成具有无定形、各种复杂程度、高比表面积以及高密度活性羟基的材料。加入GO可提高结构及化学异质性程度。与纯氢氧化锆相比，发现含有5%GO（ZrGO5）复合材料的表面积

（+141%）和端羟基数量（+67%）显著增加。

值得注意的是，与文献报道的水合氧化铁和氢氧化锌相比，未改性的锆（氢）氧化物显示出最高的质量增加量（在相同条件下吸附24h）。ZrGO5表现出最好的吸附性能（24h后为155mg/g，48h后为205mg/g）。研究结果表明，表面化学和孔隙率在CEES活性吸附过程中起着至关重要的作用。

根据获得的结果，提出CEES的去除过程分为两步。第一步涉及通过物理力吸附有机分子的过程，第二步包括经选择性催化转化使CEES通过脱卤化氢转化成乙基乙烯硫化物，以及通过降解/二聚合作用转化成1,2-双（乙硫基）乙烷的过程。含碳相复合材料的转化率也高于未改性样品。

5.2.2 嵌入纳米Ag颗粒的氢氧化锆/GO复合材料

5.2.2.1 材料和目标

该部分研究的目标是，考察添加纳米Ag颗粒是否会因等离子体共振效应或结构及化学特征的改变而进一步增强催化消毒性能。因此，合成了含有或不含有GO的氢氧化锆与纳米Ag颗粒的复合物。GO的添加量选择为5%，因为此碳质相含量的复合材料表现出最佳性能，而纳米Ag颗粒含量是最终复合材料质量的1%（质量比）。含有和不含有GO的$Zr(OH)_4$和纳米Ag颗粒的复合物分别称为AgZrOH和AgZrGO。为了比较，前文所讨论的纯氢氧化锆（ZrOH）和含5%GO（ZrGO）的复合材料的研究结果也包含在本节讨论中。

5.2.2.2 结构和形貌表征

XRD粉末衍射图谱如图5.67所示。所有样品均呈现出高度无定形态。未出现GO特征衍射峰，表明GO在无机相的无定形结构中发生了剥离。更有趣的是，没有金属态 Ag、Ag_2O 或 AgCl 的衍射峰，说明纳米颗粒在沉淀过程中没有聚集成粒径更大的银晶粒，被氧化，或与初始 $ZrCl_4$ 溶液中的氯原子发生反应。

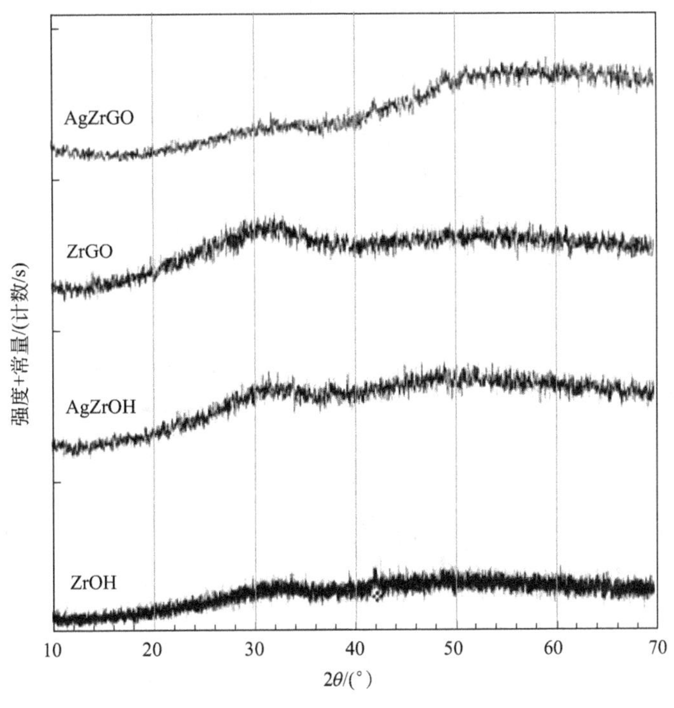

图 5.67　初始样品的 X 射线衍射图谱

氮吸附等温线（图 5.68）、孔径分布（图 5.69）和由等温线计算出的孔结构参数（表 5.6）显示，所有的样品都具有微孔和中孔结构。ZrOH 的微孔体积对总孔体积的比率最高，而 AgZrGO 具有最低的比率。与 ZrOH 相比，所有复合材料的表面积和总孔体积都增加了。ZrGO 具有最高的孔结构参数值。仅添加纳米 Ag 颗粒可使表面积和孔体积分别增加 13%和 12%。ZrGO 和 AgZrGO 的比较结果表明，纳米 Ag 颗粒的添加导致比表面积降低 8%，但几乎不改变孔体积（－2%）。与 ZrOH 和 ZrGO 相比，添加纳米 Ag 颗粒使 AgZrOH 和 AgZrGO 的吸附和脱附等温线之间的滞后回线［H2(b) 型］变宽。该现象表明存在更为复杂的孔结构[12]。

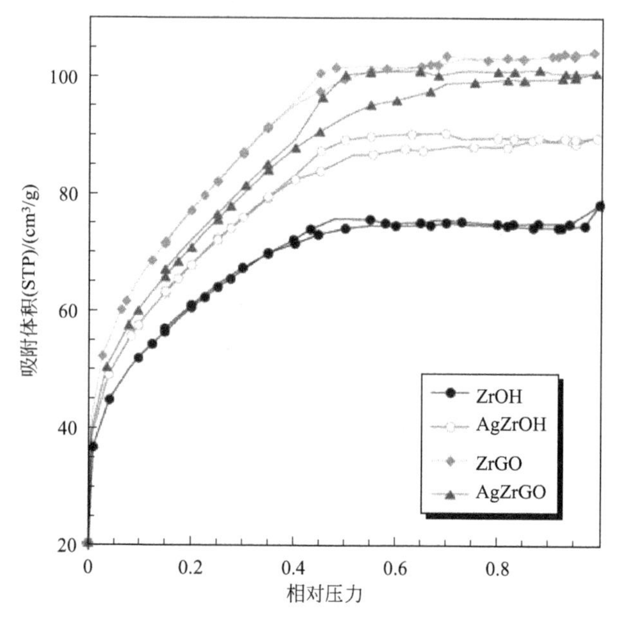

图 5.68　所有样品的氮吸附等温线

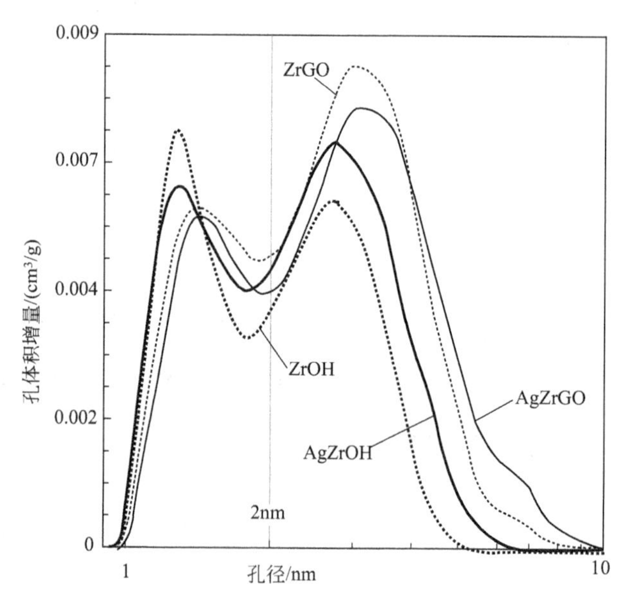

图 5.69　所有样品的孔径分布

表 5.6 由 N_2 等温线计算得到的孔结构参数

样品	S_{BET} /(m^2/g)	$V_{总}$ /(cm^3/g)	$V_{微孔}$ /(cm^3/g)	$V_{介孔}$ /(cm^3/g)	$V_{介}/V_{总}$
ZrOH	208	0.124	0.058	0.066	0.53
AgZrOH	235	0.139	0.061	0.078	0.56
ZiGO	269	0.162	0.068	0.094	0.58
AgZaGO	247	0.156	0.061	0.095	0.61

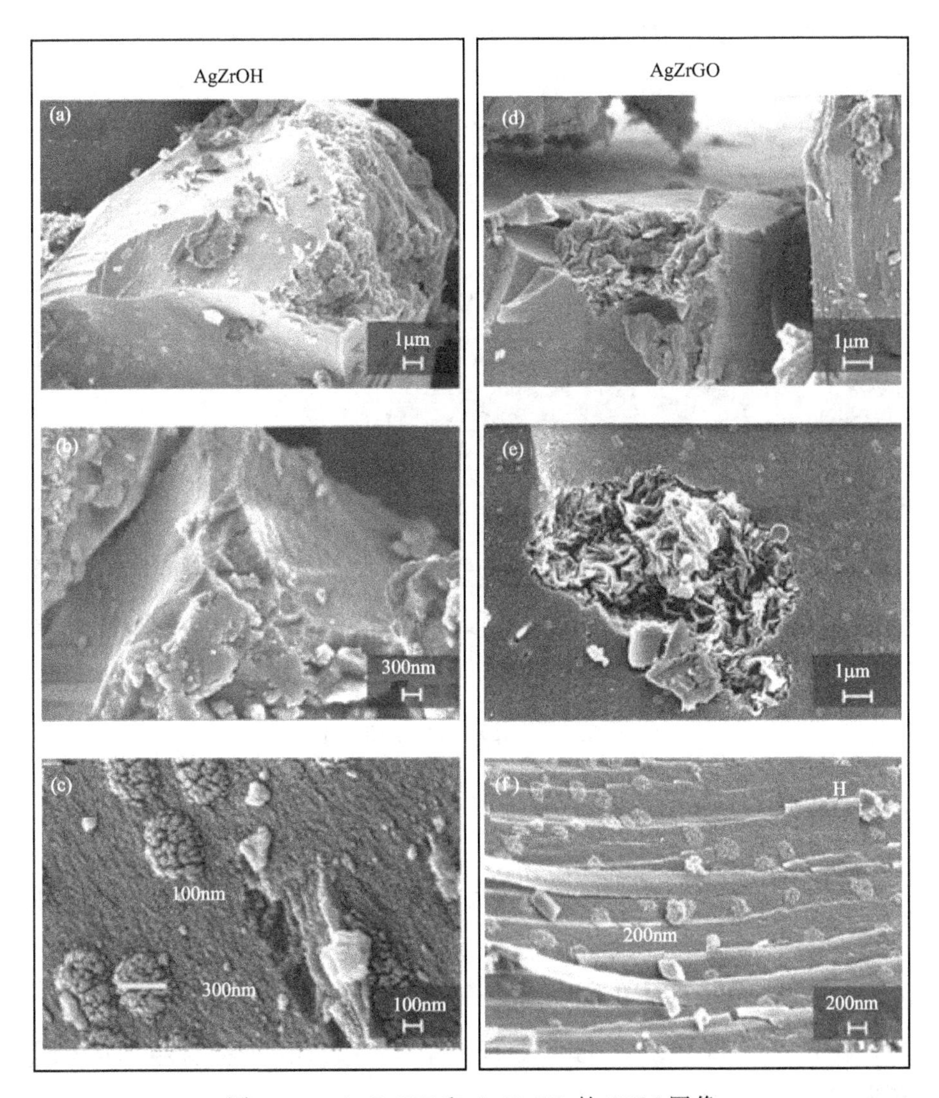

图 5.70 AgZrOH 和 AgZrGO 的 SEM 图像

正如5.1节所述，ZrOH和ZrGO的SEM图像显示其具有异质无定形表面形貌。添加5%GO可导致无机相在GO周围的分散度增强。从含纳米Ag颗粒复合材料的SEM图像上看不到颗粒之间的结构或形貌差异（图5.70）。但是，观察到了纳米颗粒的团聚。这些团聚颗粒分散在材料的外表面上。它们的尺寸在100～300nm之间，并由纳米棒束组成。

为了确定这些纳米粒子的化学性质，在EDX图中分析了各元素在表面上的分布情况（图5.71）。结果表明，纳米颗粒由纯Ag组成，因为与那些未检测到Ag的位点相比，检测到Ag的位点处的氧强度明显较低，并且未检测到氯化物。

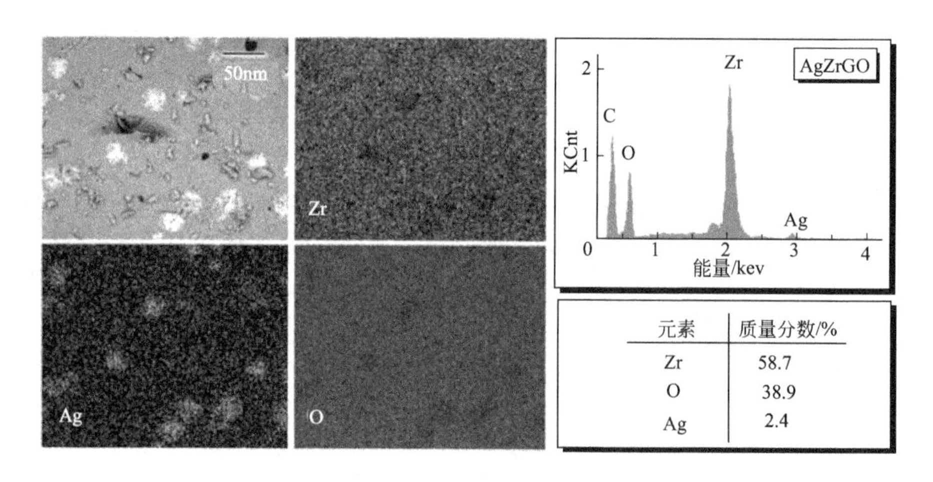

元素	质量分数/%
Zr	58.7
O	38.9
Ag	2.4

图5.71　AgZrGO的EDX图

5.2.2.3　表面化学分析

由于前面5.1章中揭示了末端羟基数量对吸附性能起着关键性作用，因此采用电位滴定法测定了AgZrOH和AgZrGO表面官能团的量。图5.72(a)中结果所示，GO的加入导致酸性基团总量增加，特别是末端羟基。与ZrOH相比，AgZrOH末端羟基的数量增加了41%。相反，AgZrGO上末端羟基的量相对于ZrGO略有降低（−3%）。纳米 Ag 颗粒的加入导致桥联基团的数量显著增加，从而导致表面官能团的总数增加。

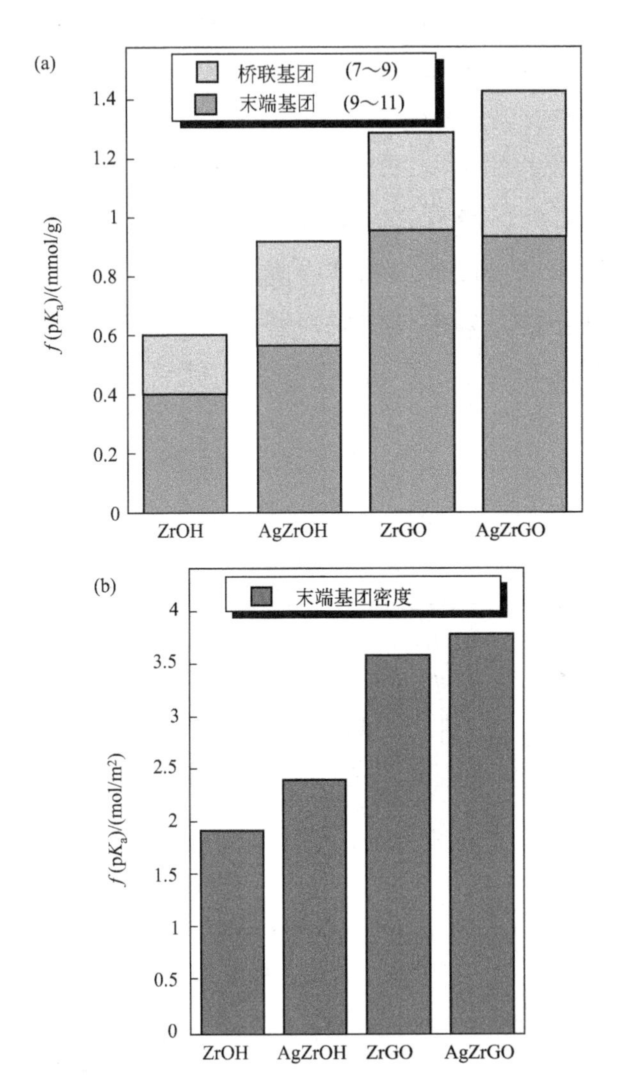

图 5.72　使用电位滴定法测得的桥联和末端基团数量（a）以及每单位表面积上末端基团的密度（b）

鉴于质量增加量强烈依赖于末端基团数量和比表面积，因此计算了单位表面积上末端基团的密度（d_{tgsa}），如图 5.72(b) 所示。

尽管纳米 Ag 颗粒和 GO 的添加都会导致 d_{tgsa} 的增加，但由于复合物形成过程存在着协同作用，GO 的效果更明显。在研究的所有材料中，AgZrGO 显示出最高的 d_{tgsa}。计算出 ZrOH、AgZrOH、ZrGO 和 AgZrGO 的 d_{tgsa} 分别为 1.91mol/m^2、2.39mol/m^2、3.57mol/m^2 和 3.77mol/m^2。

初始样品的差热重（DTG）分析曲线如图 5.73 所示。从低温到 350℃的范围内，所有样品逐渐失重。在温度升至 125℃以前，质量损失归因于（以配体或物理吸附形式结合的）水的去除。高于此温度时，发生的是氢氧化锆脱羟基化转变成氧化锆的过程。对于含有 GO 的样品，在 190℃和 210℃之间几乎观察不到 GO 的环氧基分解过程[16,54,73]。

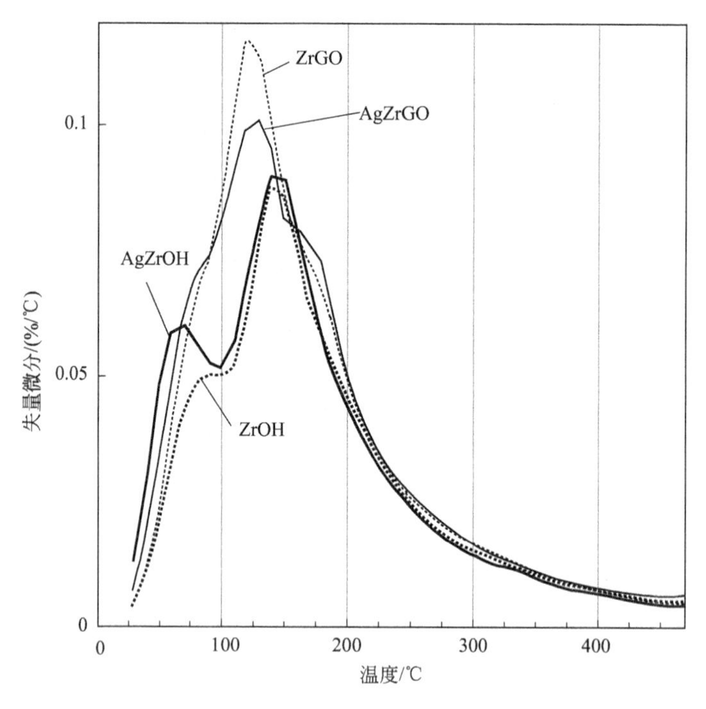

图 5.73 氦气氛下初始样品的差热重（DTG）曲线

$Zr(OH)_4$ 热转化形成 ZrO_2 的过程可能导致 22.6%的质量损

失。在我们的例子中，当温度升至450℃时，所有样品的质量损失为13.5%～16.6%（表5.7）。基于此，可以假设我们的材料具有水合锆（氢）氧化物的无定形结构。

表5.7 在125℃和450℃时的质量损失

样品	升至一定温度时的质量损失/%	
	125℃	450℃
ZrOH	2.3	16.7
AgArOH	3.4	16.4
ZrGO	6.6	21.6
AgZrGO	6.1	20.8

5.2.2.4 光学特性——等离子体效应

氢氧化锆在紫外线的照射下可以发出蓝光。据报道，其光致发光光谱（PL）可以在不同的化学环境中淬灭，例如，羟基被取代后可以导致发光光谱发生红移[83]。为了确定复合物结构中纳米Ag颗粒的存在是否会通过等离子体共振效应来化学改变羟基，我们分析了这些材料的归一化的光致发光光谱（图5.74）。

纯ZrOH在510nm处显示最大光强值（2.43eV）。据Whitten及其同事报道，这种青绿色发射峰与测得的氢氧化锆的能带隙极为吻合[83]。他们认为这种发射与价带-导带激发相关[83]。纳米Ag颗粒的加入导致光致发光光谱变宽并向长波方向显著偏移。对于Ag-ZrOH，光致发光谱的最大值红移至555nm（2.23eV）。AgZrGO的这一变化更为明显，其在570nm处显示具有一个最大值（2.17eV）。这些变化可能是因为价带电子被激发至羟基$^3\Pi$激发态导致的。对于含有纳米Ag颗粒的复合材料，这种能量下降表明羟基的化学环境发生了改变。

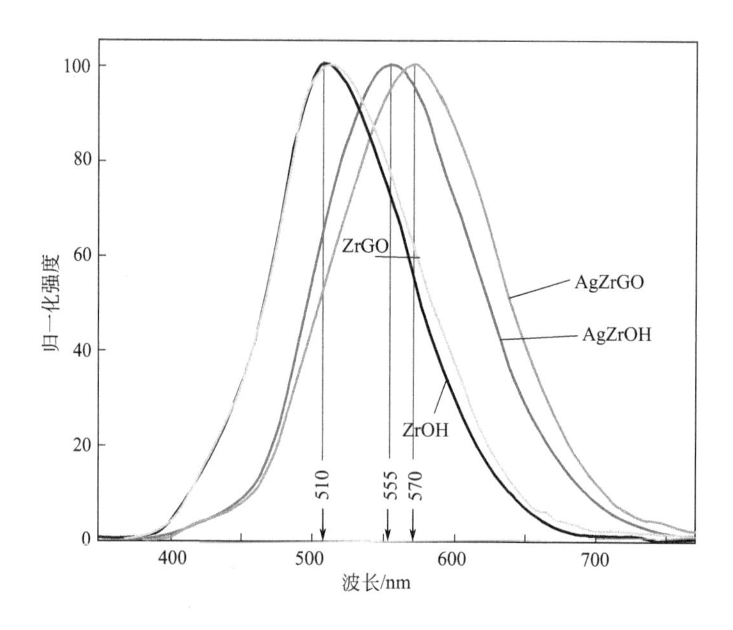

图 5.74 所研究材料的光致发光光谱

5.2.2.5 结构参数和表面化学对吸附的影响

所有研究样品都被作为2-氯乙基乙基硫醚蒸气的吸附剂进行评估。在图5.75中所示为暴露24h后测得的质量增加量。添加纳米Ag颗粒后，质量增加量相应也有所增加。AgZrOH的质量增加量比ZrOH的（93mg/g）提高了31%（122mg/g）。AgZrGO的质量增加量比ZrOH的提高了83%，比ZrGO的提高了10%（155mg/g）。

分析了暴露于CEES 24h后的质量增加量与比表面积和末端羟基数量之间的相关性，然而，它们之间的相关性较低，R^2 分别为0.72和0.92。没有检测到质量增加量与桥联基团数量或微孔体积之间的相关性。相反，质量增加量与单位面积上末端基团密度和介孔体积之间呈线性相关性，R^2 分别为0.99和0.97（图5.76）。这些相关性表明，这些特征参数在活性吸附过程中起着至关重要的作用，因为相互作用是在介孔中发生的。

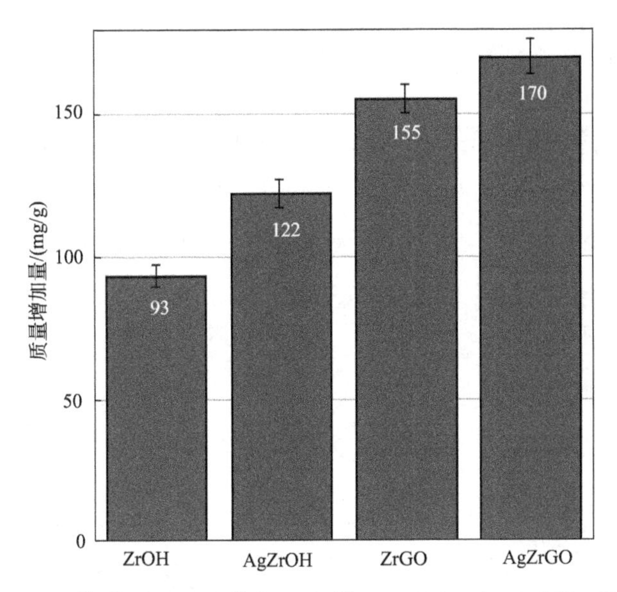

图 5.75 暴露于 CEES 蒸气 24h 后，ZrOH、AgZrOH、ZrGO 和 AgZrGO 的质量增加量

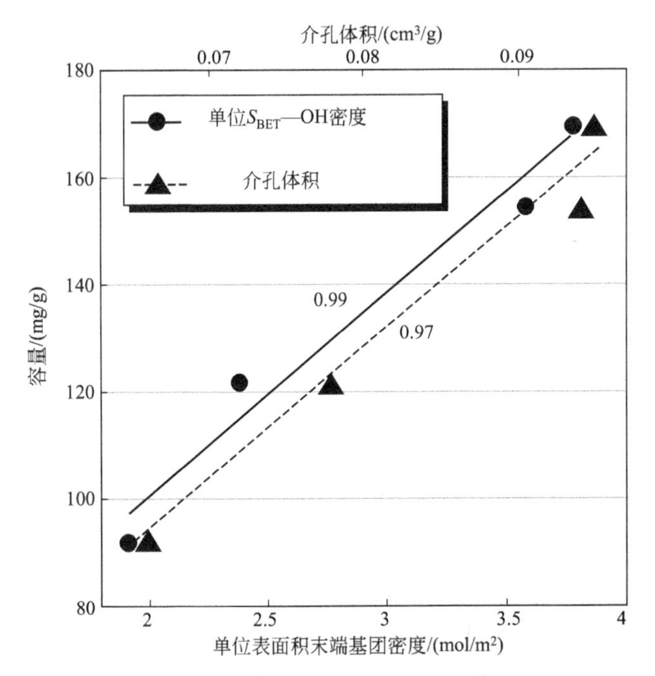

图 5.76 暴露于 CEES 24h 后，吸附量与末端基团密度和介孔体积之间的相关性

5.2.2.6 质量增加量分析

研究了材料在 CEES 中暴露不同时间条件下的活性吸附过程（图 5.77）。ZrOH 在 36h 后达到最大质量增加量（105mg/g），而复合物在暴露 48h 后达到最大值。AgZrOH 的最大质量增加量（161mg/g）比 ZrOH 的高出 73%，但比 ZrGO 的（204mg/g）少 21%。AgZrGO 的质量增加量最高（237mg/g），分别比 ZrOH 和 ZrGO 的高 125%和 16%。最大质量增加量与末端基团密度和介孔体积之间呈线性关系，两者的 R^2 均为 0.95。

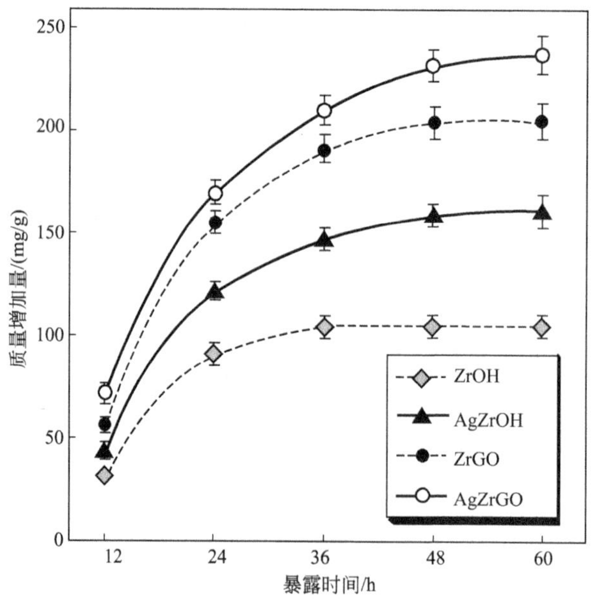

图 5.77 暴露于 CEES 直到 60h 测得的质量增加量

5.2.2.7 顶空挥发性产物鉴定

前期结果已经表明，可以使用两个因素充分评估材料上的消毒程度：保留 CEES 及其降解产物的能力（通过测得的质量增加量来体现）和催化降解程度（通过监测顶空的色谱分析结果来获得)[84]。对于 ZrOH 和 ZrGO，检测到顶空中的两种挥发性产物是乙基乙烯基硫醚（EVS）和 1,2-双（乙硫基）乙烷（BETE）。采用 GC-MS 测量了代表顶空中 BETE 和 EVS 的峰面积随吸附过程的变化趋势，如图 5.78 所示。所有样品均显示 EVS 数量持续增加。纳米 Ag 颗粒的存在显著增加了 BETE 的浓度，这是由于通过羟基活化作用而具有更高反应活性的结果。ZrGO 的 BETE 峰面积

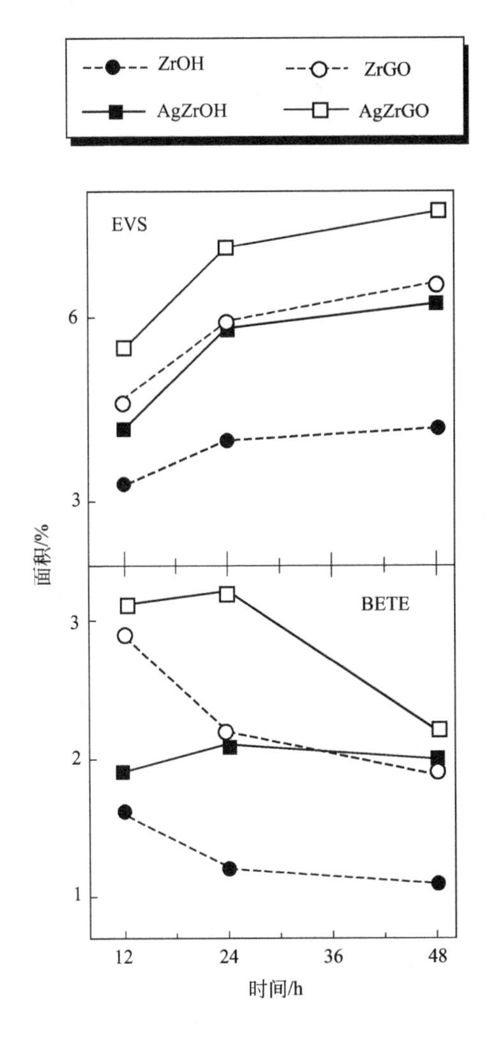

图 5.78 EVS 和 BETE 色谱峰面积与暴露时间的关系

几乎两倍于 ZrOH 的峰面积。在所有测试材料中，BETE 浓度最高的是 AgZrGO。由于在顶空中只检测到 EVS 和 BETE，说明复合材料可以活性吸附 CEES 蒸气并将其转化为无毒产品。纳米 Ag 颗粒的添加显著提高了降解性能。

5.2.2.8 保留在表面上的反应产物鉴定

通过对吸附后样品进行热分析和对萃取物进行 GC-MS 分析来分析保留在表面上的反应产物。在所有样品萃取物中只检测到 EVS、BETE 和 CEES，即使暴露于 CEES 48h 后的样品也是如此。为了与 5.1 节中描述的结果进行比较，采用 TA-MS 分析了暴露 24h 后的样品。吸附后样品的差热重（DTG）曲线如图 5.79 所示，而 m/z 热曲线则如图 5.80 所示。对应于 Cl（m/z：35）以及饱和二乙基硫醚（m/z：90）的 m/z 信号的变化结果证实了 CEES 的吸附结果。m/z 信号 88 可以归属于不饱和乙基乙烯基硫醚（m/z：

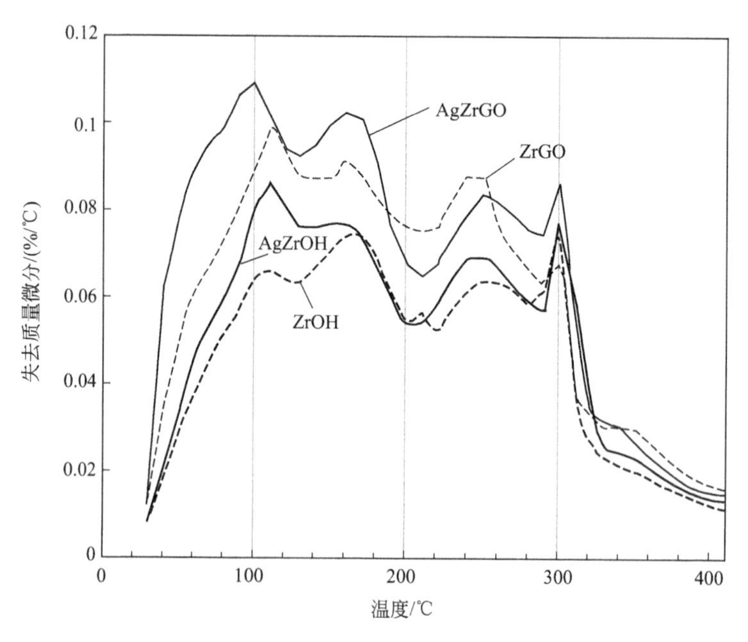

图 5.79　氦气氛下吸附后样品的 DTG 曲线

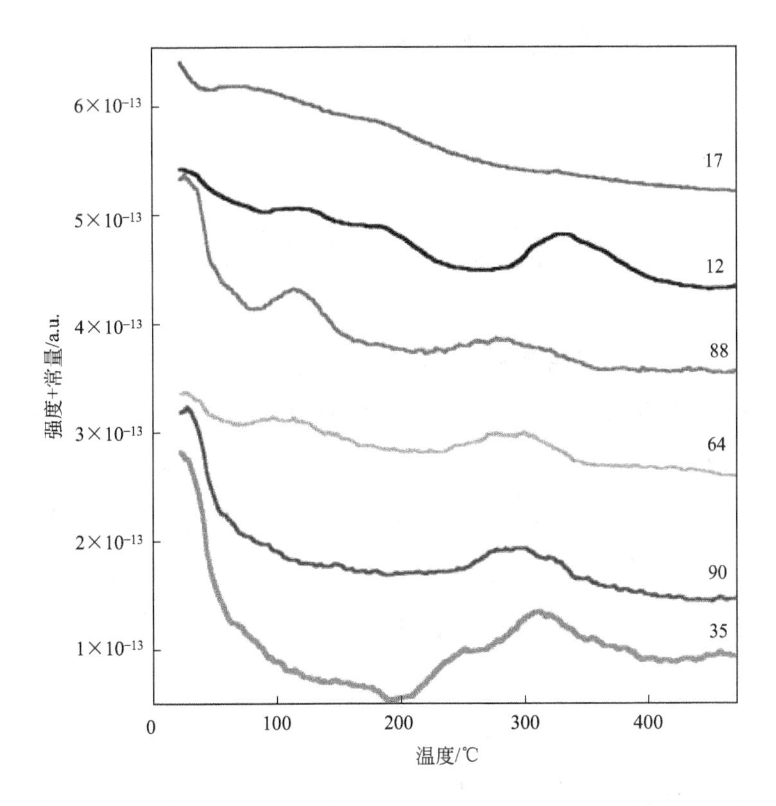

图 5.80 吸附后 AgZrGO 的 EES（m/z：90）、EVS（m/z：88）、Cl（m/z：35）、SO_2（m/z：64）、C（m/z：12）和—OH（m/z：17）碎片的 m/z 热曲线（氦气下）

88，$CH_2=CH_2SCH_2CH_3$），而 m/z 64、12 和 16 分别归属于 SO_2、C 和 O。

与初始样品相比，所有吸附后样品的 DTG 曲线显示出四个新的降解特征峰。第一个在温度 70℃，归于弱吸附的 CEES 和 EVS，因为 m/z 35、88 和 90 曲线在该区域显示强烈的信号。第二个温度为 110℃，与 EVS 的去除有关，因为只有 m/z 88 曲线在此温度下显示出峰值。第三个新峰在 260℃，可能与 EVS 和 CEES 的分解有关，它们通过氢键强烈地保留在表面上。最后一个峰在 300℃，可能与 CEES 的进一步解吸有关。发生 CEES 强吸附的两个不同能量的位点表明，无机相的羟基与 CEES 的 S 或 Cl 原子之间形成了氢键。

5.2.2.9 结论

成功合成了氢氧化锆/氧化石墨/银纳米颗粒的无定形复合材料。将纳米 Ag 颗粒添加到纯氢氧化锆或与 GO 复合的复合物中会导致介孔和末端羟基密度的显著增加。这两个因素在活性吸附过程中起着最关键的作用。有趣的是，由于引入了等离子体共振效应，纳米 Ag 颗粒在结构中的存在会导致羟基化学环境的改变。因此，具有纳米银颗粒的复合材料显示出更好的催化降解能力。含有 GO 和纳米 Ag 颗粒的复合材料表现出对 CEES 的最大吸附量和将其催化降解为 EVS 和 BETE 的最佳性能。

参考文献

[1] D.A. Giannakoudakis, J.A. Arcibar-Orozco, T.J. Bandosz, Key role of terminal hydroxyl groups and visible light in the reactive adsorption/catalytic conversion of mustard gas surrogate on zinc (hydr)oxides. Appl. Catal. B Environ. **174**, 96–104 (2015). https://doi.org/10.1016/j.apcatb.2015.02.028

[2] D.A. Giannakoudakis, J.A. Arcibar-Orozco, T.J. Bandosz, Effect of GO phase in $Zn(OH)_2$/GO composite on the extent of photocatalytic reactive adsorption of mustard gas surrogate. Appl. Catal. B Environ. **183**, 37–46 (2016). https://doi.org/10.1016/j.apcatb.2015.10.014

[3] H.S. Song, M.G. Park, W. Ahn, S.N. Lim, K.B. Yi, E. Croiset et al., Enhanced adsorption of hydrogen sulfide and regeneration ability on the composites of zinc oxide with reduced graphite oxide. Chem. Eng. J. **253**, 264–273 (2014). https://doi.org/10.1016/j.cej.2014.05.058

[4] Y. Lai, M. Meng, Y. Yu, X. Wang, T. Ding, Photoluminescence and photocatalysis of the flower-like nano-ZnO photocatalysts prepared by a facile hydrothermal method with or without ultrasonic assistance. Appl. Catal. B Environ. **105**, 335–345 (2011). https://doi.org/10.1016/j.apcatb.2011.04.028

[5] J. Wang, C. Liu, L. Xiang, Influence of sodium dodecyl sulfonate on the formation of ZnO nanorods from ε-$Zn(OH)_2$. J. Nanomater. (2013) 1–6. doi: http://dx.doi.org/10.1155/2013/621378

[6] R. Giovanoli, H.R. Oswald, W. Feitknecht, 237. Über die thermische Zersetzung der kristallinen Zinkhydroxide. Helv. Chim. Acta **49**, 1971–1983 (1966). https://doi.org/10.1002/hlca.660490704

[7] N.J. Nicholas, G.V. Franks, W.A. Ducker, The mechanism for hydrothermal growth of zinc oxide. CrystEngComm **14**, 1232–1240 (2012). https://doi.org/10.1039/C1CE06039B

[8] L. Yang, L. Xiang, Influence of the Mixing Ways of Reactants on ZnO Morphology. J. Nanomater. **2013**, 1–6 (2013). https://doi.org/10.1155/2013/289616

[9] F. Giovannelli, A. Ngo Ndimba, P. Diaz-Chao, M. Motelica-Heino, P.I. Raynal, C. Autret

et al., Synthesis of Al doped ZnO nanoparticles by aqueous coprecipitation. Powder Technol. **262**, 203–208 (2014). https://doi.org/10.1016/j.powtec.2014.04.065
[10] S. Mukhopadhyay, P.P. Das, S. Maity, P. Ghosh, P.S. Devi, Solution grown ZnO rods: synthesis, characterization and defect mediated photocatalytic activity. Appl. Catal. B Environ. **165**, 128–138 (2015). https://doi.org/10.1016/j.apcatb.2014.09.045
[11] G. Kyzas, N. Travlou, O. Kalogirou, E. Deliyanni, Magnetic graphene oxide: effect of preparation route on reactive black 5 adsorption. Materials (Basel). **6**, 1360–1376 (2013). https://doi.org/10.3390/ma6041360
[12] M. Thommes, K. Kaneko, A.V. Neimark, J.P. Olivier, F. Rodriguez-Reinoso, J. Rouquerol et al., Physisorption of gases, with special reference to the evaluation of surface area and pore size distribution (IUPAC Technical Report). Pure Appl. Chem. **87**, 1051–1069 (2015). https://doi.org/10.1515/pac-2014-1117
[13] J.A. Arcibar-Orozco, T.J. Bandosz, Visible light enhanced removal of a sulfur mustard gas surrogate from a vapor phase on novel hydrous ferric oxide/graphite oxide composites. J. Mater. Chem. A. **3**, 220–231 (2015). https://doi.org/10.1039/C4TA04159C
[14] B. Singh, T.H. Mahato, A.K. Srivastava, G.K. Prasad, K. Ganesan, R. Vijayaraghavan et al., Significance of porous structure on degradatin of 2,2' dichloro diethyl sulphide and 2 chloroethyl ethyl sulphide on the surface of vanadium oxide nanostructure. J. Hazard. Mater. **190**, 1053–1057 (2011). https://doi.org/10.1016/j.jhazmat.2011.02.003
[15] X. Qu, D. Jia, Synthesis of octahedral ZnO mesoscale superstructures via thermal decomposing octahedral zinc hydroxide precursors. J. Cryst. Growth **311**, 1223–1228 (2009). https://doi.org/10.1016/j.jcrysgro.2008.11.079
[16] D.A. Giannakoudakis, T.J. Bandosz, Zinc (hydr)oxide/graphite oxide/AuNPs composites: Role of surface features in H_2S reactive adsorption. J. Colloid Interface Sci. **436**, 296–305 (2014). https://doi.org/10.1016/j.jcis.2014.08.046
[17] O. Srivastava, E. Secco, Studies on metal hydroxy compounds. I. Thermal analyses of zinc derivatives ε-$Zn(OH)_2$, $Zn_5(OH)_8Cl_2 \cdot H_2O$, β-ZnOHCl, and ZnOHF. Can. J. Chem. **45**, 579 (1967)
[18] J. Jagiello, T.J. Bandosz, J.A. Schwarz, Study of carbon microstructure by using inverse gas chromatography. Carbon **32**, 687–691 (1994). https://doi.org/10.1016/0008-6223(94)90090-6
[19] J. Jagiello, Stable numerical solution of the adsorption integral equation using splines. Langmuir **10**, 2778–2785 (1994). https://doi.org/10.1021/la00020a045
[20] P.W. Schindler, W. Stumm, Aquatic surface chemistry: chemical processes at the particle-water interface, in *Aquat. Surf. Chem. Chem. Process. Part. Interface*, ed. by W. Stumm (Wiley, New York, 1987), pp. 83–110
[21] V. Srikant, D.R. Clarke, On the optical band gap of zinc oxide. J. Appl. Phys. **83**, 5447 (1998). https://doi.org/10.1063/1.367375
[22] S.Z. Islam, T. Gayen, M. Seredych, O. Mabayoje, L. Shi, T.J. Bandosz et al., Band gap energies of solar micro/meso-porous composites of zinc (hydr)oxide with graphite oxides. J. Appl. Phys. **114**, 43522 (2013). https://doi.org/10.1063/1.4816779
[23] S.M.Z. Islam, T. Gayen, A. Moussawi, L. Shi, M. Seredych, T.J. Bandosz et al., Structural and optical characterization of $Zn(OH)_2$ and its composites with graphite oxides. Opt. Lett. **38**, 962–964 (2013)
[24] C. Klingshirn, J. Fallert, H. Zhou, J. Sartor, C. Thiele, F. Maier-Flaig et al., 65 years of ZnO research - old and very recent results. Phys. Status Solidi. **247**, 1424–1447 (2010). https://doi.org/10.1002/pssb.200983195
[25] T.J. Bandosz, M. Laskoski, J. Mahle, G. Mogilevsky, G.W. Peterson, J.A. Rossin et al., Reactions of VX, GD, and HD with $Zr(OH)_4$: near instantaneous decontamination of VX. J. Phys. Chem. C **116**, 11606–11614 (2012). https://doi.org/10.1021/jp3028879
[26] C. Wöll, The chemistry and physics of zinc oxide surfaces. Prog. Surf. Sci. **82**, 55–120 (2007)
[27] B. Maddah, H. Chalabi, Synthesis of MgO nanoparticales and identification of their destructive reaction products by 2-chloroethyl ethyl sulfide. Int. J. Nanosci. Nanotechnol. **8**, 157–164 (2012)

[28] R. Ramaseshan, S. Ramakrishna, Zinc Titanate nanofibers for the detoxification of chemical warfare simulants. J. Am. Ceram. Soc. **90**, 1836–1842 (2007). https://doi.org/10.1111/j.1551-2916.2007.01633.x
[29] T.H. Mahato, G.K. Prasad, B. Singh, K. Batra, K. Ganesan, Mesoporous manganese oxide nanobelts for decontamination of sarin, sulphur mustard and chloro ethyl ethyl sulphide. Microporous Mesoporous Mater. **132**, 15–21 (2010). https://doi.org/10.1016/j.micromeso.2009.05.035
[30] M.W. Haynes, *CRC Handbook of Chemistry and Physics, 91st Edition, 91st editi* (Taylor & Francis, Boca Raton, 2010)
[31] M. Seredych, O. Mabayoje, M.M. Koleśnik, V. Krstić, T.J. Bandosz, Zinc (hydr)oxide/graphite based-phase composites: effect of the carbonaceous phase on surface properties and enhancement in electrical conductivity. J. Mater. Chem. **22**, 7970 (2012). https://doi.org/10.1039/c2jm15350e
[32] I.N. Martyanov, K.J. Klabunde, Photocatalytic oxidation of gaseous 2-chloroethyl ethyl sulfide over TiO_2. Environ. Sci. Technol. **37**, 3448–3453 (2003)
[33] A.V. Vorontsov, C. Lion, E.N. Savinov, P.G. Smirniotis, Pathways of photocatalytic gas phase destruction of HD simulant 2-chloroethyl ethyl sulfide. J. Catal. **220**, 414–423 (2003). https://doi.org/10.1016/S0021-9517(03)00293-8
[34] P. Ramacharyulu, J. Kumar, Photoassisted remediation of toxic chemical warfare agents using titania nanomaterials. J. Sci. Ind. Res. **73**, 308–312 (2014)
[35] D. Li, H. Haneda, Morphologies of zinc oxide particles and their effects on photocatalysis. Chemosphere **51**, 129–137 (2003)
[36] R. Ullah, J. Dutta, Photocatalytic degradation of organic dyes with manganese-doped ZnO nanoparticles. J. Hazard. Mater. **156**, 194–200 (2008). https://doi.org/10.1016/j.jhazmat.2007.12.033
[37] C. Shifu, Z. Wei, Z. Sujuan, L. Wei, Preparation, characterization and photocatalytic activity of N-containing ZnO powder. Chem. Eng. J. **148**, 263–269 (2009). https://doi.org/10.1016/j.cej.2008.08.039
[38] D. Panayotov, J.T. Yates, Bifunctional Hydrogen Bonding of 2-Chloroethyl Ethyl Sulfide on TiO_2-SiO_2 Powders. J. Phys. Chem. B. **107**, 10560–10564 (2003)
[39] A. V Vorontsov, P.G. Smirniotis, *Environmentally Benign Photocatalysts: Applications of Titanium Oxide-based Materials*, 1st edn. (Springer New York, 2010). doi:https://doi.org/10.1007/978-0-387-48444-0
[40] G.K. Prasad, T.H. Mahato, B. Singh, K. Ganesan, P. Pandey, K. Sekhar, Detoxification reactions of sulphur mustard on the surface of zinc oxide nanosized rods. J. Hazard. Mater. **149**, 460–464 (2007). https://doi.org/10.1016/j.jhazmat.2007.04.010
[41] S.Y. Bae, M.D. Winemiller, Mechanistic insights into the hydrolysis of 2-chloroethyl ethyl sulfide: the expanded roles of sulfonium salts. J. Org. Chem. **78**, 6457–6470 (2013). https://doi.org/10.1021/jo400392b
[42] Y. Yang, L. Szafraniec, Kinetics and mechanism of the hydrolysis of 2-chloroethyl sulfides. J. Org. Chem. **53**, 3293–3297 (1988)
[43] A. Kleinhammes, G.W. Wagner, H. Kulkarni, Y. Jia, Q. Zhang, L.-C. Qin et al., Decontamination of 2-chloroethyl ethylsulfide using titanate nanoscrolls. Chem. Phys. Lett. **411**, 81–85 (2005). https://doi.org/10.1016/j.cplett.2005.05.100
[44] T.H. Mahato, G.K. Prasad, B. Singh, J. Acharya, a R. Srivastava, R. Vijayaraghavan, Nanocrystalline zinc oxide for the decontamination of sarin., J. Hazard. Mater. **165**, 928–932 (2009). doi:https://doi.org/10.1016/j.jhazmat.2008.10.126
[45] D.B. Mawhinney, J.A. Rossin, K. Gerhart, J.T. Yates, Adsorption and reaction of 2-chloroethylethyl sulfide with Al_2O_3 surfaces. Langmuir **15**, 4789–4795 (1999). https://doi.org/10.1021/la981440v
[46] D. Panayotov, D. Paul, J. Yates, Photocatalytic oxidation of 2-chloroethyl ethyl sulfide on TiO_2-SiO_2 powders. J. Phys. Chem. B. **107**, 10571–10575 (2003)

[47] Y. Zafrani, M. Goldvaser, S. Dagan, L. Feldberg, D. Mizrahi, D. Waysbort et al., Degradation of sulfur mustard on KF/Al_2O_3 supports: insights into the products and the reactions mechanisms. J. Org. Chem. **74**, 8464–8467 (2009). https://doi.org/10.1021/jo901713c
[48] G.W. Wagner, O.B. Koper, E. Lucas, S. Decker, K.J. Klabunde, Reactions of VX, GD, and HD with Nanosize CaO: autocatalytic dehydrohalogenation of HD. J. Phys. Chem. B. **104**, 5118–5123 (2000). https://doi.org/10.1021/jp000101j
[49] M. Seredych, O. Mabayoje, T.J. Bandosz, Visible-light-enhanced interactions of hydrogen sulfide with composites of zinc (oxy)hydroxide with graphite oxide and graphene. Langmuir **28**, 1337–1346 (2012). https://doi.org/10.1021/la204277c
[50] Y.S. Ho, G. Mckay, A comparison of chemisorption kinetic models applied to pollutant removal on various sorbents. Process Saf. Environ. Prot. **76**, 332–340 (1998). https://doi.org/10.1205/095758298529696
[51] N.A. Travlou, G.Z. Kyzas, N.K. Lazaridis, E.A. Deliyanni, Graphite oxide/chitosan composite for reactive dye removal. Chem. Eng. J. **217**, 256–265 (2013). https://doi.org/10.1016/J.Cej.2012.12.008
[52] T. Szabó, E. Tombácz, E. Illés, I. Dékány, Enhanced acidity and pH-dependent surface charge characterization of successively oxidized graphite oxides. Carbon **44**, 537–545 (2006). https://doi.org/10.1016/j.carbon.2005.08.005
[53] A. Svatos, A.B. Attygalle, Characterization of vinyl-substituted, carbon-carbon double bonds by GC/FT-IR analysis. Anal. Chem. **69**, 1827–1836 (1997)
[54] N.A. Travlou, G.Z. Kyzas, N.K. Lazaridis, E.A. Deliyanni, Functionalization of graphite oxide with magnetic chitosan for the preparation of a nanocomposite dye adsorbent. Langmuir **29**, 1657–1668 (2013). https://doi.org/10.1021/la304696y
[55] T.L. Thompson, D.A. Panayotov, J.T. Yates, I. Martyanov, K. Klabunde, Photodecomposition of adsorbed 2-chloroethyl ethyl sulfide on TiO_2 : involvement of lattice oxygen. J. Phys. Chem. B. **108**, 17857–17865 (2004). https://doi.org/10.1021/jp040468e
[56] G. Socrates, *Infrared Characteristic Group Frequencies* (Wiley, New York, 1994)
[57] R.C. Weast, M.J. Astle, *Handbook of Chemistry and Physics*, 62nd edn. (CRC Press, Florida, USA, 1981)
[58] S.C. Stout, S.C. Larsen, V.H. Grassian, Adsorption, desorption and thermal oxidation of 2-CEES on nanocrystalline zeolites. Microporous Mesoporous Mater. **100**, 77–86 (2007). https://doi.org/10.1016/j.micromeso.2006.10.010
[59] G.Z. Kyzas, N.A. Travlou, E.A. Deliyanni, The role of chitosan as nanofiller of graphite oxide for the removal of toxic mercury ions. Colloids Surf. B Biointerfaces. **113**, 467–476 (2014). https://doi.org/10.1016/j.colsurfb.2013.07.055
[60] O. Mabayoje, M. Seredych, T.J. Bandosz, Reactive adsorption of hydrogen sulfide on visible light photoactive zinc (hydr)oxide/graphite oxide and zinc (hydr)oxychloride/graphite oxide composites. Appl. Catal. B Environ. **132–133**, 321–331 (2013). https://doi.org/10.1016/j.apcatb.2012.12.011
[61] X. Han, R. Liu, W. Chen, Z. Xu, Properties of nanocrystalline zinc oxide thin films prepared by thermal decomposition of electrodeposited zinc peroxide. Thin Solid Films **516**, 4025–4029 (2008). https://doi.org/10.1016/j.tsf.2007.08.006
[62] P. Li, H. Liu, B. Lu, Y. Wei, Formation mechanism of 1D ZnO nanowhiskers in aqueous solution. J. Phys. Chem. C **114**, 21132–21137 (2010). https://doi.org/10.1021/jp107471u
[63] P. Zhang, C. Shao, X. Li, M. Zhang, X. Zhang, Y. Sun et al., In situ assembly of well-dispersed Au nanoparticles on TiO_2/ZnO nanofibers: a three-way synergistic heterostructure with enhanced photocatalytic activity. J. Hazard. Mater. **237–238**, 331–338 (2012). https://doi.org/10.1016/j.jhazmat.2012.08.054
[64] A. Salaün, J.A. Hamilton, D. Iacopino, S.B. Newcomb, M.G. Nolan, S.C. Padmanabhan et al., The incorporation of preformed metal nanoparticles in zinc oxide thin films using aerosol assisted chemical vapour deposition. Thin Solid Films **518**, 6921–6926 (2010). https://doi.org/10.1016/j.tsf.2010.07.051

[65] V. Lakshmi Prasanna, R. Vijayaraghavan, insight into the mechanism of antibacterial activity of ZnO–Surface defects mediated reactive oxygen species even in dark. Langmuir (2015) 150729122119004. doi:https://doi.org/10.1021/acs.langmuir.5b02266
[66] J.A. Arcibar-Orozco, D.A. Giannakoudakis, T.J. Bandosz, Effect of Ag containing (nano)particles on reactive adsorption of mustard gas surrogate on iron oxyhydroxide/ graphite oxide composites under visible light irradiation. Chem. Eng. J. **303**, 123–136 (2016). https://doi.org/10.1016/j.cej.2016.05.111
[67] K. Awazu, M. Fujimaki, C. Rockstuhl, J. Tominaga, H. Murakami, Y. Ohki et al., A plasmonic photocatalyst consisting of silver nanoparticles embedded in titanium dioxide. J. Am. Chem. Soc. **130**, 1676–1680 (2008). https://doi.org/10.1021/ja076503n
[68] X. Chen, H.Y. Zhu, J.C. Zhao, Z.F. Zheng, X.P. Gao, Visible-light-driven oxidation of organic contaminants in air with gold nanoparticle catalysts on oxide supports. Angew. Chemie - Int. Ed. **47**, 5353–5356 (2008). https://doi.org/10.1002/anie.200800602
[69] J.A. Arcibar-Orozco, S. Panettieri, T.J. Bandosz, Reactive adsorption of CEES on iron oxyhydroxide/(N-)graphite oxide composites under visible light exposure. J. Mater. Chem. A. **3**, 17080–17090 (2015). https://doi.org/10.1039/C5TA04223B
[70] D.A. Giannakoudakis, J.K. Mitchell, T.J. Bandosz, Reactive adsorption of mustard gas surrogate on zirconium (hydr)oxide/graphite oxide composites: the role of surface and chemical features. J. Mater. Chem. A. **4**, 1008–1019 (2016). https://doi.org/10.1039/ C5TA09234E
[71] M. Seredych, T.J. Bandosz, Adsorption of ammonia on graphite oxide/aluminium polycation and graphite oxide/zirconium-aluminium polyoxycation composites. J. Colloid Interface Sci. **324**, 25–35 (2008). https://doi.org/10.1016/j.jcis.2008.04.062
[72] M. Seredych, T. Bandosz, Effects of surface features on adsorption of SO_2 on graphite oxide/ $Zr(OH)_4$ composites, J. Phys. Chem. C., 14552–14560 (2010)
[73] M. Seredych, T.J. Bandosz, Reactive adsorption of hydrogen sulfide on graphite oxide/$Zr(OH)_4$ composites. Chem. Eng. J. **166**, 1032–1038 (2011). https://doi.org/10.1016/j.cej.2010.11.096
[74] J.A. Arcibar-Orozco, R. Wallace, J.K. Mitchell, T.J. Bandosz, Role of surface chemistry and morphology in the reactive adsorption of H_2S on Iron (Hydr)Oxide/graphite oxide composites. Langmuir **31**, 2730–2742 (2015). https://doi.org/10.1021/la504563z
[75] D.A. Giannakoudakis, M. Jiang, T.J. Bandosz, Highly efficient air desulfurization on self-assembled bundles of copper hydroxide nanorods. ACS Appl. Mater. Interfaces. **8**, 31986–31994 (2016). https://doi.org/10.1021/acsami.6b10544
[76] C. Huang, Z. Tang, Z. Zhang, Differences between zirconium hydroxide ($Zr(OH)_4 \cdot nH_2O$) and hydrous zirconia ($ZrO_2 \cdot nH_2O$), J. Am. Ceram. … **38**, 1637–1638 (2001). doi:https:// doi.org/10.1111/j.1151-2916.2001.tb00889.x
[77] R.A. Clearfield, G.H. Nancollas, Ion exchange and solvent extraction, in *Ion Exch. Solvent Extr.*, vol. 5, ed. by J.A. Marinsky (Dekker, New York, 1973), pp. 1–120
[78] R. Chitrakar, S. Tezuka, A. Sonoda, K. Sakane, K. Ooi, T. Hirotsu, Selective adsorption of phosphate from seawater and wastewater by amorphous zirconium hydroxide. J. Colloid Interface Sci. **297**, 426–433 (2006). https://doi.org/10.1016/j.jcis.2005.11.011
[79] J. Abelard, A.R. Wilmsmeyer, A.C. Edwards, W.O. Gordon, E.M. Durke, C.J. Karwacki et al., Adsorption of 2-Chloroethyl Ethyl Sulfide on Silica: Binding Mechanism and Energy of a Bifunctional Hydrogen-Bond Acceptor at the Gas-Surface Interface. J. Phys. Chem. C **119**, 365–372 (2015). https://doi.org/10.1021/jp509516x
[80] G.K. Prasad, B. Singh, A. Saxena, Kinetics of adsorption of sulfur mustard vapors on carbons under static conditions. AIChE J. **52**, 678–682 (2006). https://doi.org/10.1002/aic.10637
[81] M. Verma, R. Chandra, V.K. Gupta, Synthesis and characterization of magnetron sputtered ZrO_2 nanoparticles: Decontamination of 2-choloro ethyl ethyl sulphide and dimethyl methyl phosphonate. J. Environ. Chem. Eng. **4**, 219–229 (2016). https://doi.org/10.1016/j.jece.2015. 11.016
[82] M. Verma, R. Chandra, V.K. Gupta, Synthesis of magnetron sputtered WO_3 nanoparticles-degradation of 2-chloroethyl ethyl sulfide and dimethyl methyl phosphonate.

J. Colloid Interface Sci. **453**, 60–68 (2015). https://doi.org/10.1016/j.jcis.2015.04.039

[83] E.J. Watters, S.K. Sengupta, G.W. Peterson, J.E. Whitten, Photoluminescence of zirconium hydroxide: Origin of a chemisorption-induced "red-stretch". Chem. Phys. Lett. **592**, 297–301 (2014). https://doi.org/10.1016/j.cplett.2013.12.035

[84] J.A. Arcibar-Orozco, D.A. Giannakoudakis, T.J. Bandosz, Copper hydroxyl nitrate/graphite oxide composite as superoxidant for the decomposition/mineralization of organophosphate-based chemical warfare agent surrogate. Adv. Mater. Interfaces. **2**, 1–9 (2015). https://doi.org/10.1002/admi.201500215

第6章

未来研究的道路

本章总结了参考文献［1-6］中报道的结果。

6.1 新型氧化石墨相氮化碳纳米球复合材料

6.1.1 石墨相氮化碳

石墨相氮化碳（$g-C_3N_4$）是近年来受到研究人员关注的一种非金属光活性材料。它具有类似于石墨的层状结构。与石墨相比，主要区别在于其六元芳香环由C—N键组成，两个原子都具有sp^2杂化。由于其在可见光范围内的能带隙以及热和化学稳定性，人们研究了$g-C_3N_4$的各种应用。2009年，Wang等人首先报道了$g-C_3N_4$在可见光照射下分解水生成H_2的光催化能力[7-9]。之后，许多报告随之而来，并集中于$g-C_3N_4$的光催化能力可以发挥有益作用的各种应用上。

限制$g-C_3N_4$作为光催化剂使用的主要缺点是，在光照射时形成的电子-空穴对会快速复合[7]。而且，缺乏能够提供与其他相（如金属氧化物、MOF或纳米颗粒）成键机会的化学基团。因此，许多应用 g-C_3N_4 的尝试都是将其作为一个混合组分，更多是混合物材料而不是形成复合物[2,10]。为了克服这些缺点，许多研究都集中在通过化学和物理改性或通过掺入石墨烯、金属、金属氧化物/氢氧化物、聚合物或纳米粒子来提高光催化性能[1,9,11-17]。主要目标是延迟电子-空穴对复合、改变能带隙以及增加电导率。

6.1.2 氧化石墨相氮化碳纳米球

在所有报道的改性方法中，将众所周知的 Hummers 石墨氧化法[18]应用于石墨相氮化碳时，可导致形成氧化石墨相氮化碳纳米球，称为 gCNox[1]。这些纳米球的尺寸在 5～50nm 之间（图 6.1）。热分析联用质谱显示，它们含有大量未化学改性的石墨氮化碳片层。这些片层被包裹在纳米球内部［图 6.1(d)］。HRTEM 图像和 XRD 结果显示，层间距为 0.32nm，这与文献结果非常吻合[16,19,20]。虽然未改性的 g-C_3N_4 粉末具有明亮的黄色，但 gCNox 粉末为白色并略微泛黄。氧化后的颜色变化是因为能带隙从最初的 g-C_3N_4[1]的 2.85eV 扩大到 gCNox 的 3.39eV。

g-C_3N_4 发生氧化反应的另一个结果是表面不均匀性增加。尽管 XPS 分析表明纳米球表面存在各种官能团，但发现 C 与 N 的比例与最初的 g-C_3N_4 相同（约 0.7）。在表面上检测到羧基、羟基、仲胺和亚硝基。这些基团增加了片层的表面极性，并可能成为形成纳米球的驱动力。通过参与 gCNox 纳米球与其他相（如金属氧化物、MOF 或纳米粒子）之间化学键的相互作用，这些含氧官能团可以促进各种复合物的形成。它们也可以作为金属氧化物/氢氧化物合成/沉淀的成核中心。电位滴定结果显示 gCNox 表面呈强酸性。氧化作用导致蜜勒胺单元中的氰尿骨架内的一些 C—N 键断裂。这导致了一些键的旋转以及杂化过程的改变，除了极性之外，这种改变还有助于形成纳米球的浅碟状片层。综合考虑上述所有情

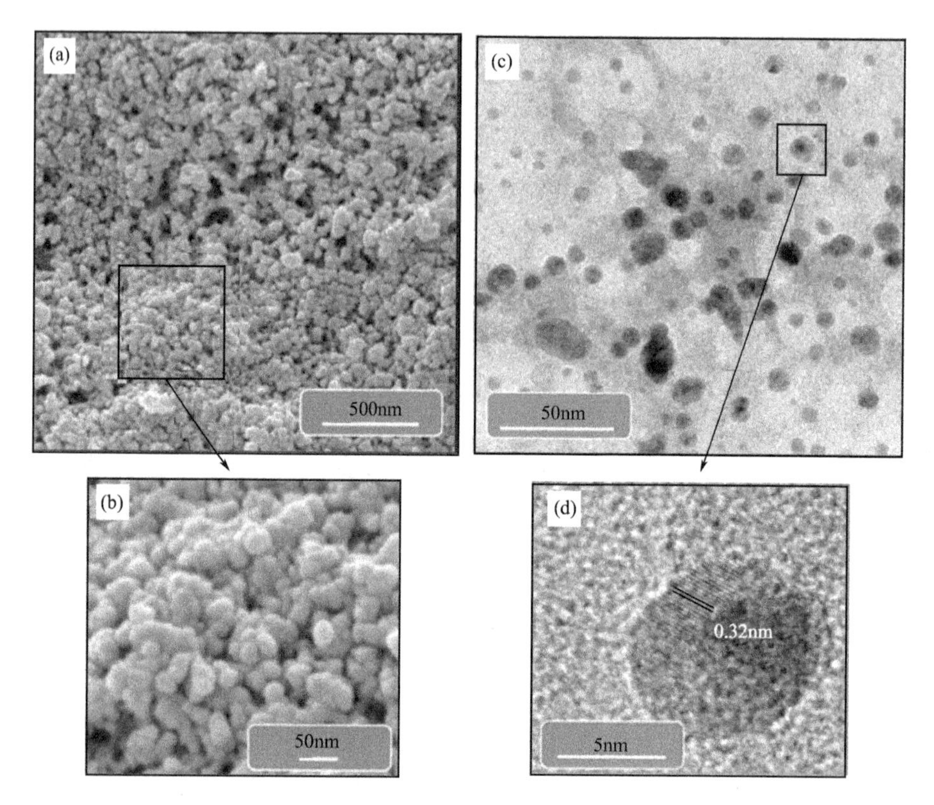

图 6.1 石墨相氮化碳纳米球的 SEM（a，b），TEM（c）和 HRTEM（d）图像

况，所提出的纳米球的结构如图 6.2 所示。

经过氧化作用，表面积从 $14m^2/g$（$g\text{-}C_3N_4$）显著增加至 $74m^2/g$(gCNox)。有趣的是，人们发现 gCNox 是独特的介孔材料，孔径在 5～50nm 之间[1]。孔的大小与纳米球的大小一致，表明加入的 gCNox 是形成这种新形貌的原因（译者注：原文可能有误）。总孔体积从 $0.073cm^3/g$($g\text{-}C_3N_4$) 增加到 $0.488cm^3/g$(gCNox)。多孔结构的增强有利于吸附应用。

6.1.3 石墨相氮化碳纳米球作为 CEES 消毒介质

在光照和黑暗条件下评价了 $g\text{-}C_3N_4$ 和 gCNox 作为芥子模拟剂

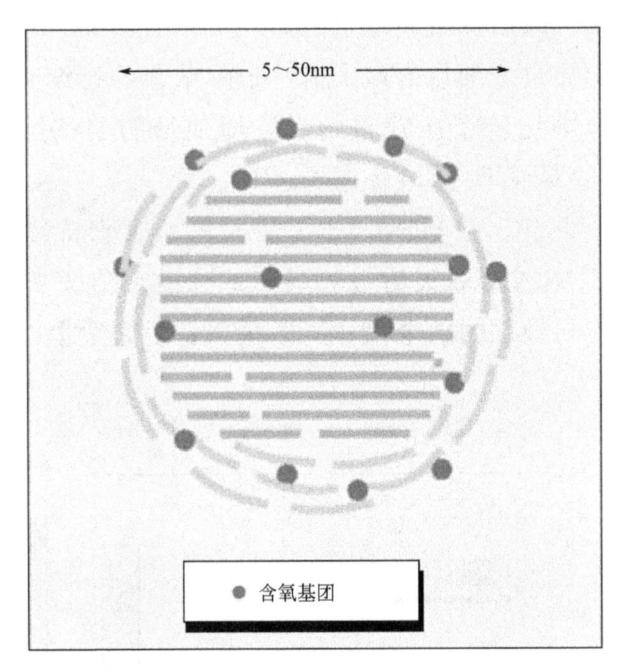

图 6.2 gCNox 纳米球的结构

CEES 蒸气吸附剂的性能。在可见光照射下暴露于蒸气 24h 后，gCNox 和 g-C_3N_4 的质量增加量（$WU_{24h,L}$）分别为 95mg/g 和 35mg/g。值得一提的是，纳米球的 $WU_{24h,L}$ 值明显高于在相同条件下测得的各种金属氧化物/氢氧化物的 $WU_{24h,L}$ 值[21,22]。为了评价光照能否促进反应型吸附/催化性能，也在黑暗条件下开展了吸附测试工作。在这些条件下，gCNox 和 g-C_3N_4 的质量增加量分别为 58mg/g 和 22mg/g。在可见光条件下的性能远优于在黑暗条件下的性能，表明这两种材料都有光活性。通过对封闭吸附系统的顶空或乙腈萃取物中检测到的生成产物的分析，进一步证实了这一点。对于这两种样品，除未反应的 CEES 外，唯一检测到的产物是乙基乙烯基硫醚（EVS）。当在可见光下使用 gCNox 时，比在黑暗条件下检测到更多的 EVS。因此，光起着催化作用，促使分子间通过环化途径形成中间瞬态环状锍阳离子。形成的锍阳离子经过双分子消除反应，随后除去不稳定的氢，生成 EVS。

为了确定质量增加量的最大值，吸附试验的持续时间延长至 7 天。在图 6.3 中比较了所获得的质量增加量的测试结果。gCNox（374mg/g）的最大质量增加量（WU_{max}）比 g-C_3N_4（122mg/g）的高 3 倍[1]。此外，在 gCNox 上，直至第 7 天都持续发生吸附过程，而在 g-C_3N_4 上，3 天后吸收量即达到最大值。氧化之后所具有的良好性能与颗粒的纳米尺寸、形状、表面化学非均质性和孔隙率提高有关。

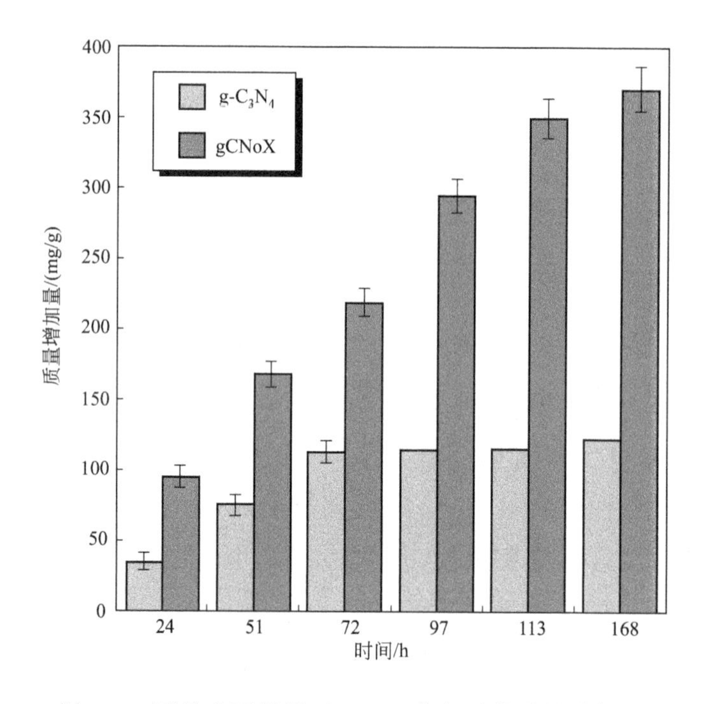

图 6.3 可见光下暴露于 CEES 蒸气后的质量增加量

6.1.4 MOFgCNox 复合材料作为消毒介质

各种金属氧化物/氢氧化物或金属有机骨架（MOFs）与石墨或氧化石墨的结合使得复合材料的吸附性能显著改善，主要是因为协同作用[10,23-31]。遵循这一研究路径，部分研究也聚焦于石墨相氮化碳作为添加剂来形成杂化物或复合物，以通过增加光活性来加强太阳光吸收[10,32]。2017 年首次报道了使用氧化石墨相氮化碳纳米球(gCNox) 作为添加剂/填充剂，与 MOF 复合制成纳米复合材料[2]。在这种新型材料中，选择铜/苯三羧酸 MOF (Cu-BTC 或 HKUST-1) 作为主要活性相，并将得到的复合材料称为 MOFgCNox。使用了未改性的 g-C_3N_4 作为对照，发现得到的材料（被称为 MOFgCN）更可能是混合物而不是复合物。

添加 gCNox 或 gCN 并不妨碍 MOF 的形成，因为 MOFgCNox 和 MOFgCN 的 X 射线衍射图显示了与纯 Cu-BTC 相同的图案。SEM 图像显示 Cu-BTC 和 MOFgCN 是典型的八面体晶体。对于 MOFgCNox，八面体晶体的形貌结构受到轻微干扰，并且晶体的外表面被 gCNox 球形纳米粒子覆盖。MOFgCNox 结构的三维图见图 6.4。

图 6.4 MOFgCNox 的示意图（黑色球代表氧化石墨相氮化碳的球形纳米颗粒）

MOFgCNox的首要显著特征是其孔隙度。氮吸附法表明，除了Cu-BTC特征的大量微孔/笼（最大尺寸为0.59nm和0.81nm）之外，纳米复合材料含有大量的介孔（$0.201cm^3/g$）。而MOFgCN没有介孔。对表面积的分析比较，佐证了MOFgCNox这种复合物的形成过程。MOFgCN的表面积比Cu-BTC小30%，这符合混合材料的预期。而MOFgCNox的表面积比Cu-BTC增加了60%。

漫反射紫外-可见光光谱分析显示，配位化学仅在MOFgCNox的情况下发生改变。这与纳米球具有“巨大”的酸性链接能力有关，因为XPS分析显示gCNox表面上有大量羧基。光致发光光谱进一步证实纳米球和铜之间有化学键形成。由于Cu-BTC没有显示任何发射，MOFgCN的发射图形与g-C_3N_4的相同。相反，对于MOFgCNox而言，没有发现任何发射峰，哪怕是gCNox的特征峰。据推测，来自纳米球的激发电子通过形成的键在MOF结构中快速游离。这是一个关键的行为，因为游离电子可以对活性Cu中心的活化作用产生积极影响。

通过将样品暴露于神经性毒剂模拟剂氯代磷酸二甲酯（DMCP）蒸气中，评价了将gCN和gCNox加入MOF后对消毒能力的影响。记录的质量增加量，以每克样品增加的质量（mg）表示，如图6.5所示。在环境光下暴露24h后，与纯Cu-BTC相比，MOFgCN的质量增加了19%，MOFgCNox增加了26%。MOFgCNox的其吸附容量最高，这与反应吸附中心的活化作用有关。此外，介孔对促进蒸气在孔道内扩散并到达活性中心起着重要作用。当吸附测试在黑暗中进行时，质量增加量遵循孔隙率的趋势。Cu-BTC显示出最高的质量增加量，其次是MOF-gCN。在黑暗条件下，MOFgCNox的质量增加量比Cu-BTC低30%。

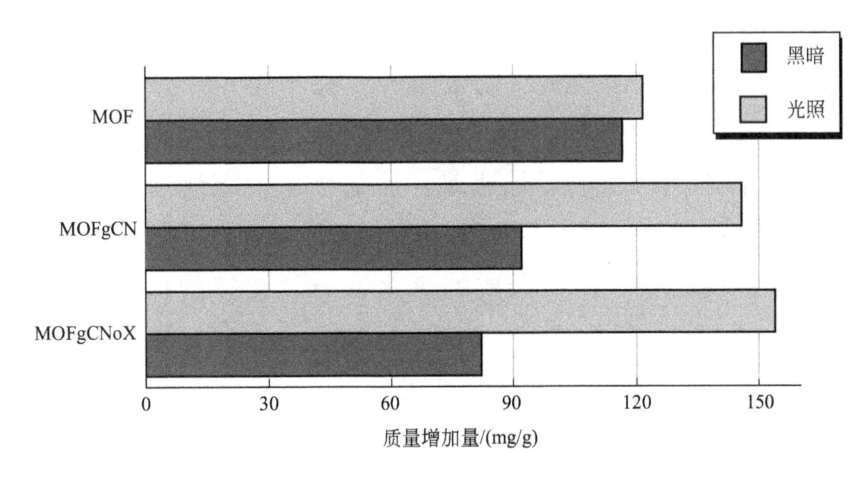

图 6.5　环境光下和黑暗条件下暴露于 DMCP 蒸气 24h 后的质量增加量

6.2　复合（氢）氧化物

复合金属氧化物是具有强催化性能的其他材料。在多项应用中，发现许多复合金属氧化物/氢氧化物表现出比单一物质更好的性能[3,33,34]。这与协同作用、形成了反应性增强的表面位点（由于不同的氧化态、配位化学发生改变、增强的氧活化作用和/或更多的晶格缺陷）以及最后但同样重要的孔隙率有所提高（高表面积、孔径的不均匀性）有关[35-37]。

在作为 CEES 蒸气吸附剂进行测试的各种金属氧化物和氢氧化物中，铁和锌基（氢）氧化物显示出最佳的消毒性能[38,39]。此外，还发现它们在可见光下具有光活性。这种光反应活性在消毒性能方面起着至关重要的作用。它提高了有毒化合物的降解速率。反应产物是无毒物种，并同时发生物理和化学吸附。当 $ZnO\text{-}Fe_2O_3$ 复合物用于有机化合物（4-氯-2-硝基苯酚和罗丹明 6G）的光降解以及制氢时，其在可见光下具有较高的光催化活性[40]。采用不同工艺制得了多种纳米结构的铁与锌或铜的复合氧化物，用于测试去除芥子气和神经毒剂模拟剂蒸气的效果[3]。在本小节中，对纯锌和铁（氢）氧化物以及复合铁/锌金属氧化物的性能进行了对比。

通过控制 NaOH 的添加速率，从氯化物中沉淀制备出了三个样品。这里将氢氧化锌表示为 ZnOH，水铁酸盐表示为 FeOH，而复合（氢）氧化物（用于合成的氯化铁与氯化锌的比率为 2∶1）表示为 FeZnOH。根据 EDX 图谱，所得复合（氢）氧化物的通式为 $ZnFe_3O_5OH$，铁和锌均匀分布在样品中（图 6.6）[3]。FeZnOH 的 X 射线衍射图显示，样品的结晶度较低，并且仅显示出两个窄而低强度的峰，对应于水铁矿的两条特征峰。没有检测到 ZnO 或 $Zn(OH)_2$ 的衍射峰。XRD 和 SEM 分析的结果表明，在 FeZnOH 中，小的纳米粒子附着在复合（氢）氧化物的外部大粒子上，这些大粒子是水铁矿小纳米粒子的聚集体，就像 TEM 图像上看到的那样（图 6.6）[3]。

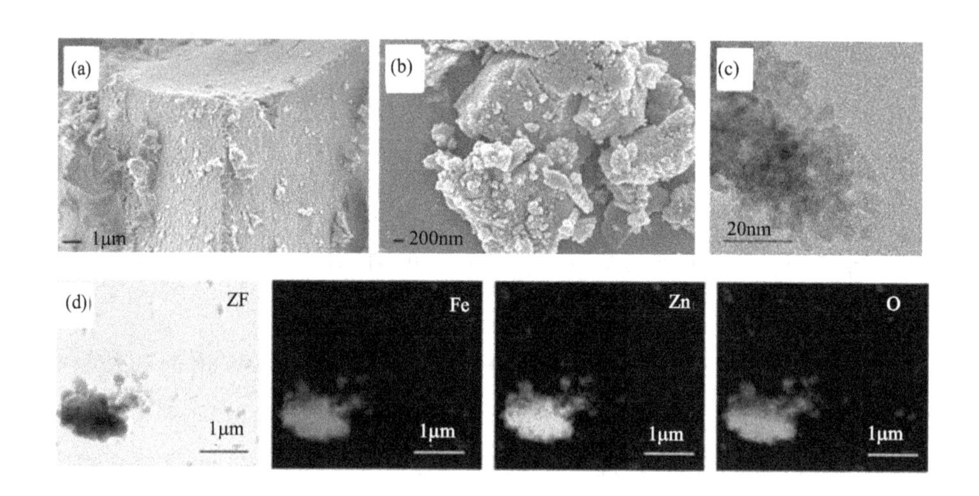

图 6.6 FeZnOH 的 SEM（a），（b），TEM（c）和 EDX 图像

（转载自参考文献 1，61，版权 2017，获得 Elsevier 许可）

活性吸附剂最重要的特征之一是它们的孔隙率。测得的单一和

复合（氢）氧化物的比表面积和孔体积数据展示在图6.7中。复合（氢）氧化物的比表面积非常高，达到285m²/g，远高于ZnOH或FeOH的表面积。根据FeZnOH的组成，物理混合物的理论比表面积预计为167m²/g。该值比实验测得的值小41%。重要的是，通过氯化物沉淀法（控制NaOH的加入速率）制得的ZnO的比表面积（15m²/g）甚至比ZnOH的比表面积还要小[38]。

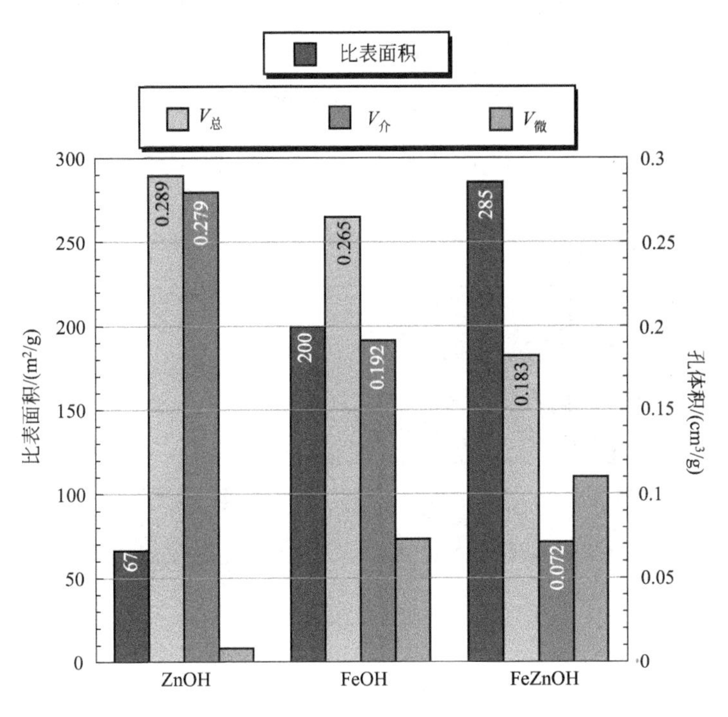

图6.7 由氮气吸附等温线算得的孔结构参数

ZnOH是一种介孔材料，而FeOH同时具有介孔和微孔结构，其介孔与总孔体积比为0.72。有趣的是，尽管FeZnOH同时具有微孔和介孔，但其总孔体积小于FeOH和ZnOH的总孔体积。另一方面，它具有明显的微孔分布。主要孔径在2～7nm的范围内。介孔和微孔有望在光反应过程中都起重要作用。前者有望促进蒸气扩散到大微孔和活性中心。小微孔对于模拟剂降解过程形成的小分子的吸附是必不可少的。

根据Tauc曲线评估了带隙值。ZnOH和FeOH的带隙分别为3.2eV和1.7eV，而混合（氢）氧化物的能带隙为2.2eV。这表明FeZnOH在可见光下有光活性。

在环境光条件下，在瓶-瓶式吸附系统中评估了混合（氢）氧化物样品对芥子气模拟剂CEES蒸气的消毒/吸附能力。暴露24h后的质量增加量（$WU_{24h,L}$）的记录值（以mg/g样品表示）展示在图6.8中。FeZnOH的性能远优于单一氢氧化物。它吸附了125mg/g的模拟剂/其降解产物。重要的是，在环境光条件下测试24h后，在作为CEES活性吸附剂的各种材料中，FeZnOH的质量增加量是最高的。

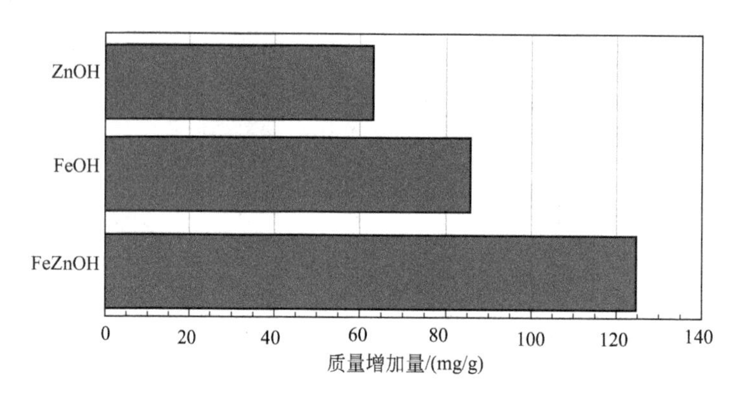

图6.8 环境光下暴露于CEES蒸气24h后ZnOH、FeOH和FeZnOH的质量增加量

混合（氢）氧化物的质量明显增加，是由于其对CEES和/或其分解产物的强吸附作用。除了吸附之外，消毒性能的另一个重要方面是材料作为光催化剂的能力，以及将有毒化合物分解为低毒或无毒分子的能力。对于FeZnOH，采用GC-MS分析了封闭吸附系统的顶空，显示存在着乙基乙烯基硫醚（EVS）、二乙烯基硫醚（DVS）和1,2-双（乙硫基）乙烷（BETE）。它们都明显比CEES

的毒性更低。正如第5章中详细描述的那样，EVS的形成过程可以通过形成中间瞬时环磺化阳离子而后发生脱卤化氢过程来解释。FeZnOH与Fe和Cu混合（氢）氧化物的性能比较表明，Zn的存在改善了表面反应活性[3]。

能够检测到DVS和BETE，意味着自由基是由于FeZnOH的光活性而形成的。暴露5天后顶空中的BETE和DVS浓度对比情况佐证了这一机制。BETE的浓度下降，DVS的浓度增加。这种趋势表明，该材料持续发挥着光催化剂的作用，降解BETE，形成更多的DVS。

6.3　活性和智能纺织品

在防毒面具的滤毒罐中使用活性材料来抵御CWAs蒸气是非常重要的，因为吸入毒性化合物是最快的中毒方式。然而，各种高毒性化合物，如糜烂性毒剂，即使与皮肤接触也是致命的。第一次世界大战期间，芥子气的使用曾导致士兵全身烧伤，原因是蒸气穿透了普通军服。这就是为什么需要迫切开发能通过吸附或催化消毒来防止CWAs穿透的多功能防护服的原因。

将活性相复合到纺织品中是设计和开发多功能/多层服装的最可行和有效的策略之一，这些服装可提供足够的防护水平。在过去的几十年中，研究界、学术界、军事界和工业界都致力于将棉花或合成纤维作为活性相沉积的载体。这些纤维载体具有物理和化学稳定性、亲水性、透气性、可洗性和弹性的优势，并且易于大规模低成本生产。沉积了水铁矿纳米颗粒或纳米复合材料［由MOF（Cu-BTC）与石墨相氮化碳纳米球复合而成］的棉织物显示出高度的多功能性[5,6]。已证实这些材料可以同时吸附、降解和感知CWAs蒸气。

碳纤维/织物是另一类已被探索作为活性相载体的纺织材料。

因为具有高孔隙率和高表面化学非均匀性，这些纺织材料已被证明能够提供足够的消毒活性，尤其是经过化学活化后[4]。活性无机相的沉积可以进一步提高它们的消毒活性[41]。

本章将讨论碳纤维的消毒能力及其化学修饰的重要性，还将介绍在棉纺织品上沉积活性相的最新实例。此处讨论的研究的独特之处在于，目标模拟剂是以蒸气方式使用，而不是采用溶于溶剂中的模拟剂溶液，这是真实的 CWA 的使用方式。

6.3.1 多孔碳织物

本研究所使用的碳织物是 Stedfast 公司的 Stedcarb® 碳。它是新一代弹性和多孔碳织物[4]。它来自于美国陆军 Natick 士兵研究开发和工程中心。收到的样本称为 CC。这种布料的主体是碳纤维层，上面覆盖着两层聚合物/尼龙。由于主要目的是分析碳材料相的性质和消毒能力，所以将 CC 浸入沸水中 30min 来机械地去除尼龙层。所得到的碳层部分在去除尼龙层后没有失去其弹性和强度，其被称为 CCm。为了增加表面化学的不均匀性和亲水性，在环境条件下将 CC 置于浓硝酸和硫酸（25/75 体积比）的混合物中氧化 1 天。之后，将改性织物在 Soxhlet 装置中洗涤，最后在 100℃下干燥 24h。最终的氧化纺织品被称为 CCox。CC、CCm 和 CCox 的图片可以在图 6.9 中看到，其中也记录了它们的厚度。

碳材料应用于吸附过程时，最关键的特征是孔隙率。CCm 是多微孔材料，在 0.65nm 和 1.63nm 处，双模态孔径分布有两个最大值。总孔体积为 $0.45cm^3/g$，表面积为 $922m^2/g$。氧化导致孔隙率显著改变。总孔体积减少 58%，表面积减少 63%。材料仍具有双模态孔径分布，但最大值略微偏移至 0.59nm 和 1.34nm。正如 XPS 分析所证实的那样，孔隙率的负面效果与孔堵塞有关，孔堵塞是因为碳晶格中化学性质发生了改变以及形成了含—O—和/或—N—

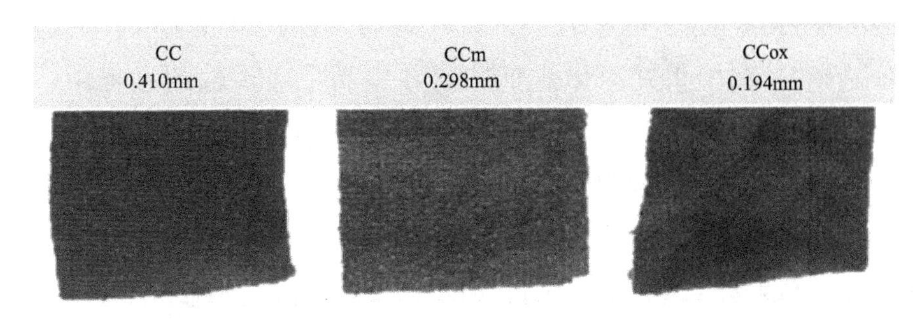

图 6.9 碳织物（CC）、CC 除去聚合物层后（CCm）以及 CC 氧化后（CCox）的图像及厚度

（经美国化学学会许可，改编自参考文献 [4]，版权 2017）

表面官能团而导致的。

电位滴定结果表明，存在一个具有大量酸性官能团（CCm 为 0.4mmol/g，CCox 为 3.6mmol/g）的化学非均相表面。这些表面官能团的性质采用 XPS 分析进行了验证。经氧化后形成的表面基团主要是含有 C═O 键（羰基、醌）的那些。氧含量（原子分数）从 CCm 的 13.5%增加到 CCox 的 20.4%。CCm 的含氮基团（吡啶、吡咯、酰胺、胺）被氧化为吡啶-*N*-氧化物、C—N^+O—C 以及—NO_x。这些基团带来带正电的表面位点，能够参与活性吸附过程[42,43]。在两种织物的表面也检测出了少量的磺酸基硫（约 0.5%），其可能源自碳相本身。CCox 表面上的 S 含量略高于 CCm 上的 S 含量，这可能是 H_2SO_4 氧化作用引起的。

另一个重要的发现是，只有 CCox 表现出在环境光照射下形成羟基自由基的能力。在织物与蒸气相互作用的过程中，该特性为提高表面反应活性和消毒性能发挥了关键作用。

为了评估碳纺织品的消毒能力，重点需要考虑材料的以下特征：①将蒸气分解/转化为无毒产品的能力和②吸附芥子气模拟剂——氯乙基乙基硫醚（CEES，$C_2H_5SC_2H_4Cl$）蒸气的能力。关于第一个特征，CCm 对 CEES 的转化率只有 11%（模拟剂的使用量是织物质量的10%)。相反,CCox显示出更高的转化率(81%)[4]。此结果强有力地证实,在提高反应活性的过程中,氧化过程起到了催化作用。

根据“瓶-瓶”吸附测试结果确定了织物吸附/保留CEES蒸气的能力。环境光下的性能表达为每克织物的质量增加量(WU_{24h}),单位为毫克每克织物。CCm和CCox的值分别为272mg/g和292mg/g。有趣的是,虽然CCox具有较小的总孔体积和比表面积,CCox却表现出高于CCm的WU_{24h}。这表明表面化学性质比结构特征更重要。当按照表面积进行归一化处理后,计算得到CCm上的质量增加量为0.30mg/cm^3,而CCox上的质量增加量是它的三倍,达到0.87mg/cm^3。

研究碳织物与CEES蒸气相互作用的重要发现是,氧化后的样品比未氧化的样品具有强得多的光反应活性。在CCox上通过自由基反应形成的产物的量显著高于在CCm上的。羟基自由基促进了C—S和/或C—C键的断裂,导致形成各种片段(自由基或离子)。这些片段的重组导致形成由两个硫原子组成的二聚体,例如1,2-双(乙硫基)乙烷(BETE,$C_2H_5SC_2H_4SC_2H_5$)和双[2-(乙硫基)乙基]醚(BETEE,$C_2H_5SC_2H_4OC_2H_4SC_2H_5$)。此外,CCox反应活性的提高与被氧化的含氮表面基团(吡啶-*N*-氧化物,C—N^+O—C,—NO_x)有关。

总而言之,所研究的碳织物被认为是颇具前景的有毒蒸气防护介质。化学活化,甚至是简单的氧化,也可以进一步提高消毒性能。尽管孔隙率降低,但后者的吸附/保持能力得到改进而没有负面影响。此外,氧化后的碳织物具有光活性,并且该特征与羟基自由基的形成有关。含氧基团的引入在各种活性相(纳米颗粒、金属氧化物、MOFs或碳量子点)的沉积中也起到关键作用,因为这些基团可充当活性相的成核/沉积位点。

6.3.2　沉积水铁矿的棉织物

使用最多且广泛的生物聚合物纺织品/纤维是棉花。它相对便宜、亲水、可清洗、透气、柔软和坚韧[44]。人们发现单体（纤维素）上的羟基对于持久性沉积纳米颗粒或各种无机活性相是很重要的[5,45]。纳米工程棉纺织品表现出独特的性能，如抗菌、抗皱、防紫外线、抗静电和防水[46]。但是目前只有沉积了活性相的棉基纺织品作为CWAs的（光）催化消毒介质被研究过[5,6]。Arcibar-Orozco等人提出水铁矿（FH）粉末对CEES蒸气具有良好消毒性能[47-49]。在这些结果的基础上，将该活性相沉积于棉纺织品上。尽管也研究了棉毛巾和T恤衫面料，但该部分主要集中于100%棉质材料，它被称为TS。

活性相沉积过程是通过将棉花样品浸入水铁矿水悬浮液中18h，然后在60℃下干燥24h。重复此过程（称为浸干过程）直至最大沉积量（7个循环后）。得到均匀褐色的纺织品，称为TS-Fe，其图像如图6.10所示。沉积在纺织品上的FH质量分数为6.9%（4.8%Fe），相当于0.84mg/cm^{2}的负载量。TS-Fe的比表面积为17m^2/g，初始TS的比表面积为8m^2/g。

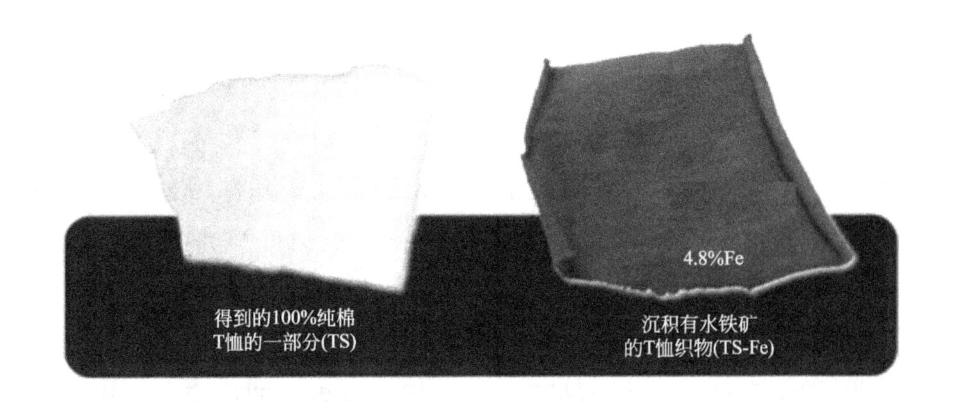

图6.10　棉织物（TS）和用水铁矿修饰的棉织物（TS-Fe）

低放大倍数的 SEM 图像显示，螺旋加固捻合纤维的圆柱形纱线在浸干循环后没有损坏。TS-Fe 的高倍率 SEM 图像表明，棉纤维表面覆盖有无机相的薄层，以及各种尺寸和形状的颗粒［图 6.11(a)］。EDX 分析证实了 FH 均匀分散在纤维上［图 6.11(b)］。

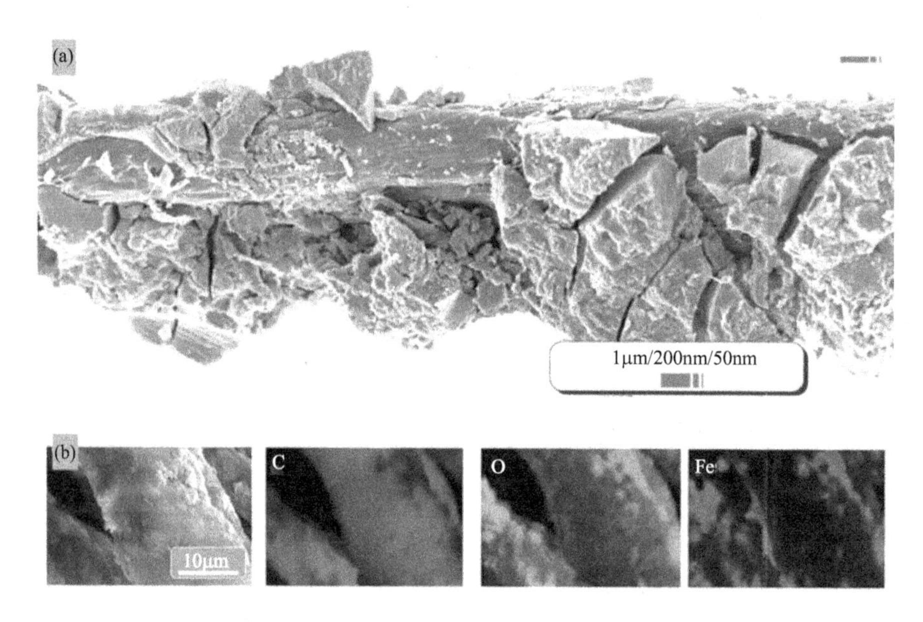

图 6.11　TS-Fe 的 SEM 图像和 EDX 图像

暴露于 CEES 蒸气 7 天后，纯棉样品表现出可忽略不计的质量增加，而纯 FH 粉末每克铁可吸附 0.31g。有趣的是，TS-Fe 的质量几乎增加了两倍（0.58g/g 铁），在纤维上沉积的铁中仅有 4.8% 的铁与这种质量增加现象相关。将单位表面积或总孔体积的质量增加量进行标准化处理后发现变化趋势相同。在相互作用过程中，吸附及保留 CEES 蒸气和/或形成的化合物的能力的显著增强与以下因素相关：①无机相在棉纤维上的高度分散性，②活性中心的高度可利用性，③沉积的活性相的小纳米尺寸颗粒和④新界面的形成。

为了确定 TS-Fe 是否具有比活性相本身更高的反应性，用 GC-MS 半定量地测定了封闭“瓶-瓶”吸附系统顶空中的挥发性物质的性质。确实，与沉积在改性棉织物上的相同质量的纯 FH 粉末相比，TS-Fe 形成了更多的挥发性化合物。此外，通过检测发现氯乙醛的含量较高，说明沉积在棉纺织品上的水铁矿具有很强的氧化能力。

由于改性材料表现出明显的吸附和催化分解/降解性能，因此在棉纺织品上沉积水铁矿可制备多功能防护介质/布。

6.3.3 智能纺织品

上述用水铁矿改性的棉织物显示出增强的消毒能力，因为它们被证明能够吸附/保留有毒蒸气并同时将其催化分解成为无毒化合物。然而，为了实现其实际应用，先进和多功能材料的另一个重要特性是它们能够快速感知/检测有毒蒸气。在棉织物上浸渍 MOF-gCNox 是一种简单、有效且经济可行的方法，可以使纺织品具有良好的性能[6]。性能最好的样品被称为 T-MGox。为了比较，纯 Cu-BTC 也被浸渍于棉织物上，得到的材料称为 T-M。

最初通过 SEM 图像证实了在棉纤维上成功沉积了 MOFgCNox 和纯 Cu-BTC [图 6.12(a)，文后彩插]。活性相（各种尺寸的八面体晶体）附着于纤维表面。对于 T-MGox，在晶体表面上可以看到尺寸为 10～50nm 的空腔 [图 6.12(b)，文后彩插]。它们代表 MOFgCNox 的中孔。晶体结构保持原状说明所采用的浸渍过程不会影响活性相的形貌和结构特征。EDX 图进一步证实了活性相是均匀分布的，因为在纤维的整个表面都检测到了铜。通过热分析法估算出了含铜量，在 T-M 上为总质量的 1.56%，在 T-MGox 上为总质量的 0.63%。

尽管纺织品上的铜含量不是很高，但这些样品的吸附能力却惊人地高，特别是在 T-MGox 的情况下。对于 T-M 和 T-MGox，以每克铜增加的质量（g）表示的最大质量增加量（WU_{max}）分别为 2.2g/g 铜和 6.7g/g 铜（图 6.13）。对于 Cu-BTC 和 MOFgCNox，

粉末活性相的 WU_{max} 分别为 1.1g/g 铜和 1.7g/g 铜。由于复合材料在棉纤维上高度均匀分散，因此与大体积粉末相比，纺织品的优异吸附性能与铜活性位点数量增加及其可利用性有关。

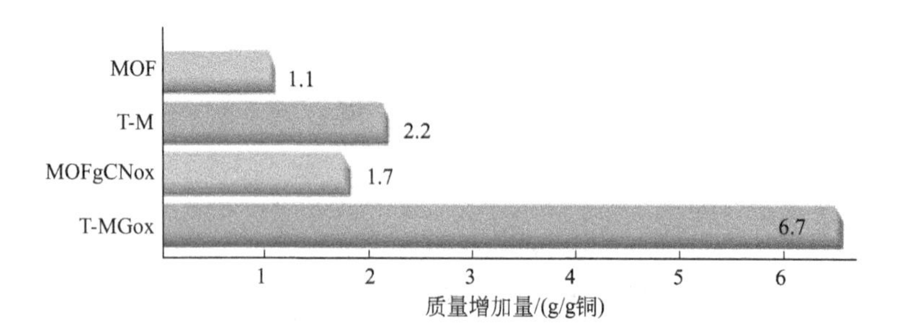

图 6.13 暴露于 DMCP 蒸气后的最大质量增加量

T-M 的初始颜色是青绿色 [图 6.14(a)，文后彩插]。暴露于蒸气后，颜色几乎立即变为黄色。颜色的变化是渐进的，并且在暴露 90min 后整个纺织品完全变成黄色。尽管纺织品的颜色在不到 2h 内发生了变化，但纺织品可持续吸附和降解有毒化合物长达 96h。这表明活性相的反应中心具有多功能性，因为一些特定的性质/相互作用是造成颜色变化的原因，而其他因素则是造成消毒的原因。由于 CWAs 可以作为气溶胶使用，因此还测试了直接暴露于 DMCP 液滴的情况。从图 6.14(b)（文后彩插）可以看出，纺织品也能够检测液体有毒化合物，通过表现出与蒸气实验中相同的颜色变化来显示该液体有毒化合物。另一个基本特征是发现该纺织品对神经性毒剂模拟剂具有选择性，因为当它们暴露于芥子气模拟剂（CEES）的蒸气或液滴时，没有检测到颜色变化。

这些结果表明，先进的材料可以被考虑作为“智能”纺织品，因为除了令人印象深刻的吸附和消毒能力外，它们还可以同时作为比色检测器，快速感应/检测有毒蒸气或液滴。更重要的是，棉纺织物上只需沉积有限的活性相就可以提供足够的防护和快速检测。

参考文献

[1] D.A. Giannakoudakis, M. Seredych, E. Rodríguez-Castellón, T.J. Bandosz, Mesoporous graphitic carbon nitride-based nanospheres as visible-light active chemical warfare agents decontaminant. ChemNanoMat **2**, 268–272 (2016). https://doi.org/10.1002/cnma.201600030
[2] D.A. Giannakoudakis, N.A. Travlou, J. Secor, T.J. Bandosz, Oxidized g-C_3N_4 nanospheres as catalytically photoactive linkers in MOF/g-C_3N_4 composite of hierarchical pore structure. Small **13**, 1601758 (2017). https://doi.org/10.1002/smll.201601758
[3] M. Florent, D.A. Giannakoudakis, R. Wallace, T.J. Bandosz, Mixed CuFe and ZnFe (hydr) oxides as reactive adsorbents of chemical warfare agent surrogates. J. Hazard. Mater. **329**, 141–149 (2017). https://doi.org/10.1016/j.jhazmat.2017.01.036
[4] M. Florent, D.A. Giannakoudakis, T.J. Bandosz, Mustard gas surrogate interactions with modified porous carbon fabrics: effect of oxidative treatment. Langmuir (2017) https://doi.org/10.1021/acs.langmuir.7b02047
[5] R. Wallace, D.A. Giannakoudakis, M. Florent, C. Karwacki, T.J. Bandosz, Ferrihydrite deposited on cotton textiles as protection media against chemical warfare agent surrogate (2-Chloroethyl Ethyl Sulfide). J. Mater. Chem. A. **5**, 4972–4981 (2017). https://doi.org/10.1039/C6TA09548H
[6] D. A. Giannakoudakis, Y. Hu, M. Florent, T. J. Bandosz, Smart textiles of MOF/g-C_3N_4 nanospheres for the rapid detection/detoxification of chemical warfare agents. Nanoscale Horiz. (2017). https://doi.org/10.1039/C7NH00081B
[7] Z. Zhao, Y. Sun, F. Dong, Graphitic carbon nitride based nanocomposites: a review. Nanoscale **7**, 15–37 (2015). https://doi.org/10.1039/C4NR03008G
[8] J. Wen, J. Xie, X. Chen, X. Li, A review on g-C_3N_4-based photocatalysts. Appl. Surf. Sci. **391**, 72–123 (2017). https://doi.org/10.1016/j.apsusc.2016.07.030
[9] X. Wang, K. Maeda, A. Thomas, K. Takanabe, G. Xin, J.M. Carlsson et al., A metal-free polymeric photocatalyst for hydrogen production from water under visible light. Nat. Mater. **8**, 76–80 (2009). https://doi.org/10.1038/nmat2317
[10] J. Hong, C. Chen, F.E. Bedoya, G.H. Kelsall, D. O'Hare, C. Petit, Carbon nitride nanosheet/metal–organic framework nanocomposites with synergistic photocatalytic activities. Catal. Sci. Technol. **6**, 5042–5051 (2016). https://doi.org/10.1039/C5CY01857A
[11] G. Zhang, Z.-A. Lan, X. Wang, Merging surface organometallic chemistry with graphitic carbon nitride photocatalysis for CO_2 photofixation. ChemCatChem **7**, 1422–1423 (2015). https://doi.org/10.1002/cctc.201500133
[12] X. Wang, G. Zhang, Z. Lan, L. Lin, S. Lin, Overall water splitting by Pt/g-C_3N_4 photocatalysts without using sacrificial agent. Chem. Sci. (2016). https://doi.org/10.1039/C5SC04572J
[13] J. Qin, S. Wang, H. Ren, Y. Hou, X. Wang, Photocatalytic reduction of CO_2 by graphitic carbon nitride polymers derived from urea and barbituric acid. Appl. Catal. B Environ. **179**, 1–8 (2015). https://doi.org/10.1016/j.apcatb.2015.05.005
[14] G. Zhang, S. Zang, L. Lin, Z. Lan, G. Li, X. Wang, Ultrafine cobalt catalysts on covalent carbon nitride frameworks for oxygenic photosynthesis. ACS Appl. Mater. Interfaces (2016) https://doi.org/10.1021/acsami.5b11167
[15] Y. Zheng, L. Lin, B. Wang, X. Wang, Graphitic carbon nitride polymers toward sustainable photoredox catalysis. Angew. Chemie—Int. Ed. **54**, 12868–12884 (2015). https://doi.org/10.1002/anie.201501788
[16] Y. Zhao, J. Zhang, L. Qu, Graphitic carbon nitride/graphene hybrids as new active materials for energy conversion and storage. ChemNanoMat **1**, 298–318 (2015). https://doi.org/10.1002/cnma.201500060
[17] D.J. Martin, K. Qiu, S.A. Shevlin, A.D. Handoko, X. Chen, Z. Guo et al., Highly efficient photocatalytic H_2 evolution from water using visible light and structure-controlled graphitic carbon nitride. Angew. Chemie Int. Ed. **53**, 9240–9245 (2014). https://doi.org/10.1002/anie.

201403375
[18] W.S. Hummers, R.E. Offeman, Preparation of Graphitic Oxide. J. Am. Chem. Soc. **80**, 1339 (1958). https://doi.org/10.1021/Ja01539a017
[19] I. Papailias, T. Giannakopoulou, N. Todorova, D. Demotikali, T. Vaimakis, C. Trapalis, Effect of processing temperature on structure and photocatalytic properties of g-C_3N_4. Appl. Surf. Sci. **358**, 278–286 (2015). https://doi.org/10.1016/j.apsusc.2015.08.097
[20] M. Groenewolt, M. Antonietti, Synthesis of g-C_3N_4 nanoparticles in mesoporous silica host matrices. Adv. Mater. **17**, 1789–1792 (2005). https://doi.org/10.1002/adma.200401756
[21] D.A. Giannakoudakis, J.K. Mitchell, T.J. Bandosz, Reactive adsorption of mustard gas surrogate on zirconium (hydr)oxide/graphite oxide composites: the role of surface and chemical features. J. Mater. Chem. A. **4**, 1008–1019 (2016). https://doi.org/10.1039/C5TA09234E
[22] G. Fang, J. Gao, C. Liu, D.D. Dionysiou, Y. Wang, D. Zhou, Key role of persistent free radicals in hydrogen peroxide activation by biochar: Implications to organic contaminant degradation. Environ. Sci. Technol. **48**, 1902–1910 (2014). https://doi.org/10.1021/es4048126
[23] D.A. Giannakoudakis, J.A. Arcibar-Orozco, T.J. Bandosz, Effect of GO phase in $Zn(OH)_2$/GO composite on the extent of photocatalytic reactive adsorption of mustard gas surrogate. Appl. Catal. B Environ. (2016). https://doi.org/10.1016/j.apcatb.2015.10.014
[24] C.O. Ania, M. Seredych, E. Rodriguez-castellon, T.J. Bandosz, New copper/ GO based material as an efficient oxygen reduction catalyst in an alkaline medium: The role of unique Cu/ rGO architecture. Appl. Catal. B Environ. **33011**, 1–50 (2014)
[25] C. Petit, L. Huang, J. Jagiello, J. Kenvin, K.E. Gubbins, T.J. Bandosz, Toward understanding reactive adsorption of ammonia on Cu-MOF/graphite oxide nanocomposites. Langmuir **27**, 13043–13051 (2011). https://doi.org/10.1021/la202924y
[26] T.J. Bandosz, C. Petit, MOF/graphite oxide hybrid materials: Exploring the new concept of adsorbents and catalysts. Adsorption **17**, 5–16 (2011). https://doi.org/10.1007/s10450-010-9267-5
[27] J.A. Arcibar-Orozco, D.A. Giannakoudakis, T.J. Bandosz, Copper hydroxyl nitrate/graphite oxide composite as superoxidant for the decomposition/mineralization of organophosphate-based chemical warfare agent surrogate. Adv. Mater. Interfaces **2**, 1–9 (2015). https://doi.org/10.1002/admi.201500215
[28] C. Hu, T. Lu, F. Chen, R. Zhang, A brief review of graphene–metal oxide composites synthesis and applications in photocatalysis. J. Chinese Adv. Mater. Soc. **1**, 21–39 (2013). https://doi.org/10.1080/22243682.2013.771917
[29] P. Samorì, I.A. Kinloch, X. Feng, V. Palermo, Graphene-based nanocomposites for structural and functional applications: using 2-dimensional materials in a 3-dimensional world. 2D Mater. **2**, 30205 (2015). https://doi.org/10.1088/2053-1583/2/3/030205
[30] S. Pattnaik, K. Swain, Z. Lin, Graphene and graphene-based nanocomposites: biomedical applications and biosafety. J. Mater. Chem. B. **4**, 7813–7831 (2016). https://doi.org/10.1039/C6TB02086K
[31] L. Ji, P. Meduri, V. Agubra, X. Xiao, M. Alcoutlabi, Graphene-Based nanocomposites for energy storage. Adv. Energy Mater. **6**, 7–16 (2016). https://doi.org/10.1002/aenm.201502159
[32] H. Wang, X. Yuan, Y. Wu, G. Zeng, X. Chen, L. Leng et al., Synthesis and applications of novel graphitic carbon nitride/metal-organic frameworks mesoporous photocatalyst for dyes removal. Appl. Catal. B Environ. **174–175**, 445–454 (2015). https://doi.org/10.1016/j.apcatb.2015.03.037
[33] I.E. Wachs, K. Routray, Catalysis science of bulk mixed oxides. ACS Catal. **2**, 1235–1246 (2012). https://doi.org/10.1021/cs2005482
[34] M. Johansson, T. Mattisson, A. Lyngfelt, Creating a synergy effect by using mixed oxides of iron and nickel oxides in the combustion of methane in a chemical-looping combustion reactor. Energy Fuels **20**, 2399–2407 (2006). https://doi.org/10.1021/ef060068l
[35] I.E. Wachs, Recent conceptual advances in the catalysis science of mixed metal oxide

catalytic materials. Catal. Today **100**, 79–94 (2005). https://doi.org/10.1016/j.cattod.2004.12.019

[36] R. Dieckmann, Point defects and transport in non-stoichiometric oxides: solved and unsolved problems. J. Phys. Chem. Solids **59**, 507–525 (1998). https://doi.org/10.1016/S0022-3697(97)00205-9

[37] P. Cousin, R.A. Ross, Preparation of mixed oxides—a review. Mater. Sci. Eng. A **130**, 119–125 (1990). https://doi.org/10.1016/0921-5093(90)90087-J

[38] D.A. Giannakoudakis, J.A. Arcibar-Orozco, T.J. Bandosz, Key role of terminal hydroxyl groups and visible light in the reactive adsorption/catalytic conversion of mustard gas surrogate on zinc (hydr)oxides. Appl. Catal. B Environ. **174**, 96–104 (2015). https://doi.org/10.1016/j.apcatb.2015.02.028

[39] J.A. Arcibar-Orozco, D.A. Giannakoudakis, T.J. Bandosz, Effect of Ag containing (nano)particles on reactive adsorption of mustard gas surrogate on iron oxyhydroxide/graphite oxide composites under visible light irradiation. Chem. Eng. J. **303**, 123–136 (2016). https://doi.org/10.1016/j.cej.2016.05.111

[40] G.K. Pradhan, S. Martha, K.M. Parida, Synthesis of multifunctional nanostructured zinc-iron mixed oxide photocatalyst by a simple solution-combustion technique. ACS Appl. Mater. Interfaces **4**, 707–713 (2012). https://doi.org/10.1021/am201326b

[41] M. Florent, D.A. Giannakoudakis, R. Wallace, T.J. Bandosz, Carbon textiles modified with copper-based reactive adsorbents as efficient media for detoxification of chemical warfare agents. ACS Appl. Mater. Interfaces **9**, 26965–26973 (2017). https://doi.org/10.1021/acsami.7b10682

[42] B. Kumar, M. Asadi, D. Pisasale, S. Sinha-Ray, B.A. Rosen, R. Haasch et al., Renewable and metal-free carbon nanofibre catalysts for carbon dioxide reduction. Nat. Commun. **4**, 1–8 (2013). https://doi.org/10.1038/ncomms3819

[43] K. Gong, F. Du, Z. Xia, M. Durstock, L. Dai, Nitrogen-doped carbon nanotube arrays with high electrocatalytic activity for oxygen reduction. Science **323**(80), 760–764 (2009). https://doi.org/10.1126/science.1168049

[44] D. Klemm, B. Heublein, H.P. Fink, A. Bohn, Cellulose: Fascinating biopolymer and sustainable raw material. Angew. Chemie—Int. Ed. **44**, 3358–3393 (2005). https://doi.org/10.1002/anie.200460587

[45] S. Vihodceva, S. Kukle, Cotton textile surface investigation before and after deposition of the ZnO coating by sol-gel method. J. Nano- Electron. Phys. **5**, 1–5 (2013)

[46] A.K. Yetisen, H. Qu, A. Manbachi, H. Butt, M.R. Dokmeci, J.P. Hinestroza et al., Nanotechnology in textiles. ACS Nano **10**, 3042–3068 (2016). https://doi.org/10.1021/acsnano.5b08176

[47] J.A. Arcibar-Orozco, D.A. Giannakoudakis, T.J. Bandosz, Effect of Ag containing (nano)particles on reactive adsorption of mustard gas surrogate on iron oxyhydroxide/graphite oxide composites under visible light irradiation. Chem. Eng. J. (2016). https://doi.org/10.1016/j.cej.2016.05.111

[48] J.A. Arcibar-Orozco, S. Panettieri, T.J. Bandosz, Reactive adsorption of CEES on iron oxyhydroxide/(N-)graphite oxide composites under visible light exposure. J. Mater. Chem. A. **3**, 17080–17090 (2015). https://doi.org/10.1039/C5TA04223B

[49] J.A. Arcibar-Orozco, T.J. Bandosz, Visible light enhanced removal of a sulfur mustard gas surrogate from a vapor phase on novel hydrous ferric oxide/graphite oxide composites. J. Mater. Chem. A. **3**, 220–231 (2015). https://doi.org/10.1039/C4TA04159C

图 5.10　ZnSA (a, b), ZnRA (c, d) 和 ZnO-C (e, f) 的 SEM 图像

—ε-$Zn(OH)_2$ 颗粒，—ZnO 纳米花状颗粒（a、b、c 和 d 图像转载自参考文献 [1]，版权 2017，获得 Elsevier 许可）

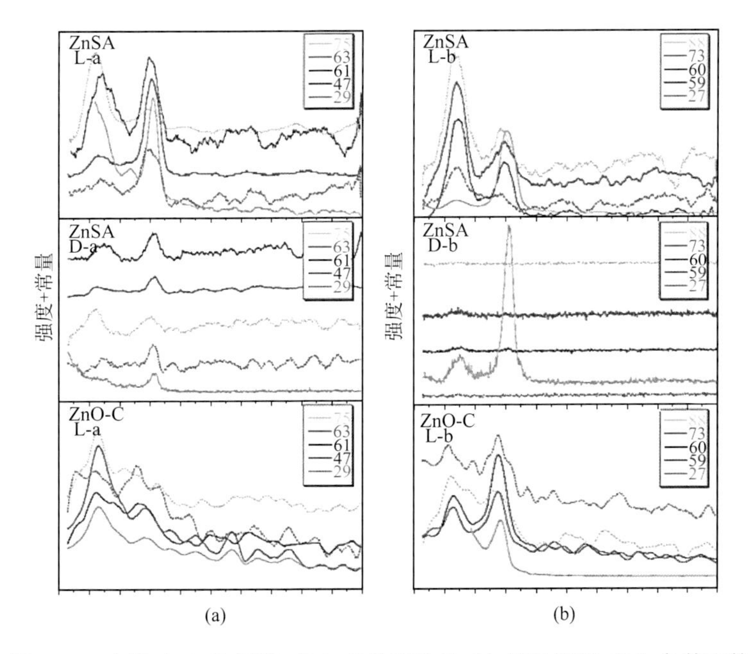

图 5.18　光照（L）和黑暗（D）条件下的 ZnSA 以及光照（L）条件下的 ZnO-C 的脱附气中与 CEES、EES 和 / 或 HEES（a）和 EVS（b）相关的碎片的 *m/z* 热曲线（氦气为载气）

（转载自参考文献 [1]，版权 2017，获得 Elsevier 许可）

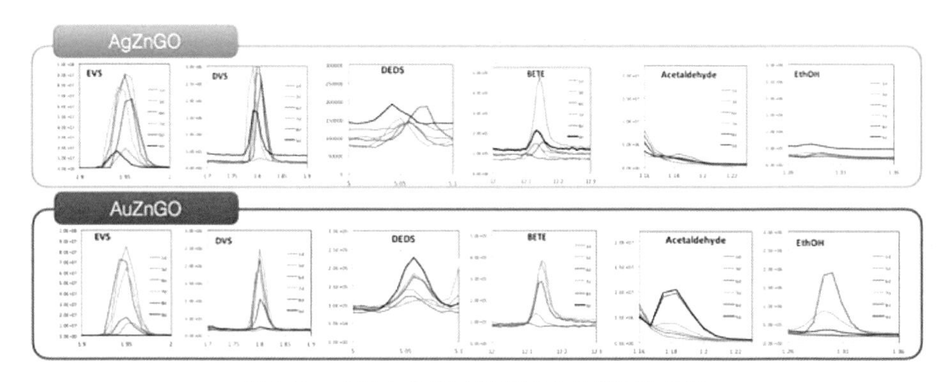

图 5.48　对特定保留时间范围内色谱图的分析

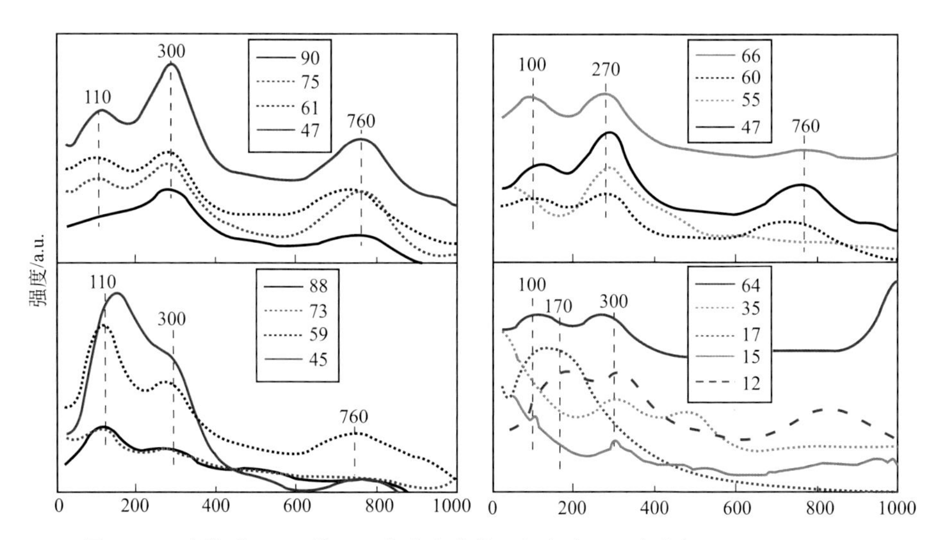

图 5.61　吸附后 ZrOH 的 *m*/*z* 热分布曲线（氦气中），碎片与 CEES、BETE、DEES 和 / 或 EES（a）、EVS（b）、DEDS 和 / 或 BDT（c）以及 SO_2（*m*/*z*：64）、Cl（*m*/*z*：35）、—OH（*m*/*z*：17）、CH_3^+（*m*/*z*：15）和 C（*m*/*z*：12）有关

（转载自参考文献 [70]，获得英国皇家化学学会许可）